吕明明◎著

顺着天赋做事，逆着性格做人

天津出版传媒集团
天津人民出版社

图书在版编目（CIP）数据

顺着天赋做事，逆着性格做人 / 吕明明著 . -- 天津：天津人民出版社, 2021.2
ISBN 978-7-201-16915-6

Ⅰ . ①顺… Ⅱ . ①吕… Ⅲ . ①成功心理—通俗读物 Ⅳ . ① B848.4-49

中国版本图书馆 CIP 数据核字 (2020) 第 247036 号

顺着天赋做事，逆着性格做人
SHUN ZHE TIANFU ZUOSHI, NI ZHE XINGGE ZUOREN

出　　版　天津人民出版社
出 版 人　刘　庆
地　　址　天津市和平区西康路 35 号康岳大厦
邮政编码　300051
邮购电话　（022）23332469
电子信箱　reader@tjrmcbs.com

责任编辑　佟　鑫
装帧设计　末末美书

印　　刷　天津中印联印务有限公司
经　　销　新华书店
开　　本　710 毫米 ×1000 毫米　1/16
印　　张　13
字　　数　137 千字
版次印次　2021 年 2 月第 1 版　2021 年 2 月第 1 次印刷
定　　价　42.00 元

前言

从前，我不知道自己的天赋是什么，直到能写出一本书来，我才明白自己的天赋是写作；从前，我不知道自己性格如何，直到在社会上“碰了壁”，我才明白自己的性格并不完美。

在我看来，当生活慢下来，当你能安静地躺着、坐着的时候，正是你应该思考自我的时候。你对自己有什么概念呢？或者说，你对自己存在的状态有何种认知呢？是消极的，还是积极的？是快乐的，还是悲伤的？是清楚的，还是模糊的？是无所谓的，还是至关重要的？如果给你纸笔，让你把自我的状态画出来，你会如何落笔呢？是无从画起，还是“一张纸远远不够”。但无论如何，你总归要静下心来思考一番了。不为别的，只为不辜负爱你的人和你爱的人。那些优秀的人和追求优秀的人总会在人生的不同阶段进行自我评价或者前景规划，这样，他们的人生轨迹便不至于跑偏。或许我不是优秀的人，但我希望成为一个追求优秀的人。谁不想更加优秀呢？

我想，如果这本书能让你“更好一点”“更强一点”，那么我的信心就有了，我那小小的辛苦就值了，我对自己的天赋便确信无疑了。

那么，我们言归正传。我写这本书的目的很简单，就是想为需要的人建立一个自我评价和自我激励的体系，让大家能够切身感受到自己天赋的存在，感受到性格中需要“舍弃”和“违逆”的东西。通过对一些现实事例的分析、解读和参照，帮助读者学会“顺着天赋做事，逆着性格做人”。

行走在世，无非两件事——做人和做事。事做对了，人做好了，人生便成功了。

如何才能做对事呢？我曾经在网上看到过这样一封辞职信：

> 在工作之前，我曾感到读书很辛苦，直到有一天，当我看到一群搬运工一边流着汗，一边说说笑笑地搬运着沉重的货物，我才明白：不喜欢才最辛苦。

可见，无论做一件事还是做一份工作，兴趣非常重要。一件事情令你着迷时，不用人逼着你，你也愿意去做，而且能把它做得很好。因为出于兴趣，你会把所有的能量都用在这件事情上，哪怕并无报酬，你也心甘情愿、乐此不疲。同样，如果一份工作能令你快乐，那么你很容易变成一个“工作狂”。不可否认，当你把一件事情做得很好的时候，人们就会赞美你，夸你在这方面有天赋。事实上，你感兴趣的地方，往往也是你的天赋所在。

一旦你对一件事情感兴趣，你就会想方设法对其加以了解和钻研。例如，你对弹吉他很感兴趣，你认为那样很酷，吉他声很动听、很有韵味，它能令你沉醉，令你疯狂，那么，当你拥有一把吉他时，你一定会很开心，就像是孩子得到糖果一样的开心。你会试着弹奏它，听不同吉他弦发出的声音，辨别着它们的不同。你会到图书馆借一本有关吉他初学者入门教程的书，认真学习吉他的理论知识，认识每一根弦的名称，试着“勾勒”出一段曲调。于是，你在亲人或朋友面前“炫技”时，他们都“惊为天人”，因为你弹吉他的技艺超出了他们的想象，他们觉得你很有音乐天赋。父母或朋友都支持你继续学习吉他，他们甚至会鼓励你去报一个吉他班，让专业的吉他老师指导你学习吉他，帮助你在弹吉他方面有更高的造诣。

所以，这个故事告诉我们什么呢？你感兴趣的容易变成你擅长的，你所擅长的就是你的天赋所在。那么，如何才能做对事情呢？我的答案是顺着天赋做事。

那做人呢？如何把人做好呢？性格是做人的基石，毫无疑问，只有优秀的性格才能帮助我们把人做好。如果你只会按照这样的逻辑思考，那么恭喜你，你一定活在一个处处是光明的世界。每个人都能说出所谓的“好的性格”，但是你认为的好，未必就是真的好，或许换一个场合，换一群人，你认为的“好性格”就变成了“坏性格”。所以，我们还要多想一点，想到那些与群体，与社会，与“天时地利人和”相悖的“坏性格”，我们要忌惮它们，也要记住它们，只有记住了它们，把它们当作提醒我们的“闹钟”，并时刻与之保持相逆的姿势，我们的生活和人生才不会“警钟长鸣”。例如，人们常说“沉默是金”，那么这是否意味着沉默寡言就是好性格呢？

不一定吧？在别人欺负你时，你选择沉默；在你的脚踩到别人时，你选择沉默；在你的宠物咬到别人时，你选择沉默……这样的沉默还能是金吗？鲁迅先生说：“沉默呵，沉默呵！不在沉默中爆发，就在沉默中灭亡！”如果一种沉默能让我们爆发，那么我们理应选择这种沉默；如果一种沉默会让我们灭亡，那么我们理应违逆这种沉默。

所以，如何把人做好呢？我认为“逆着性格做人”便能把人做好。但是，必须记住一个前提，你所逆的性格一定是与群体、与场合、与社会，与“天时地利人和”相悖的“性格”。在“性格”这个话题上，我们所说的是如何“排毒”，而不是怎么吃“补药”。

今天，我们的国家强大了，我们的人民更加自信了，对此，每个中国人都由衷的开心和自豪。中国人组成了一面“五星红旗”，你我都是其中的一部分，为了实现中华民族的伟大复兴，为了实现更美好、更和谐的生活，我们都在各自的岗位上默默努力着。我们希望变得优秀，希望生活能够更好一点，而要实现这一切，我们必须从自我做起，从我们的天赋和性格出发，当我们能真正做到“顺着天赋做事，逆着性格做人”的时候，离目标自然也就不远了。

目录

第一章

天赋异禀：每个人都是独一无二的

“清点”你天生具备的成长特性

每个人都有自己独特的地方，每个人都有自己的天赋。天赋就是天分，就是天资，就是上天赋予我们的那些与众不同的特性。确切地说，它是一种与生俱来的成长特性，找到这种成长特性，就找到了天赋所在。在我迷茫的时候，在我感到自己庸庸碌碌、一无是处的时候，我就会去想一想生命中偶遇的那些“四叶草”。它们点缀了我的青春，伴我成长，为我的人生留下不可磨灭的印记。如果把天赋看作是一种天生擅长的能力，那未免有些狭隘了。它还是一种成长特性，是一种天生的执念。现在单说它是一种成长特性。人类在发现新物种时，常常会观察和记录它们的成长特性。我们会研究它们的生活习性、求偶方式、繁殖方式等等。如果我们能在观察的过程中发现它们的成长特性，就会感到欣喜，我们会把这些成长特性看作是它们的天赋，正是这些天赋的存在才彰显了它们的与众不同。例如，有的物种的生存条件极为苛刻，导致它们的数量极为稀少，但尽管如此，它们仍能在恶劣的环境中繁衍生息，这是怎样的天赋才能造就的奇迹。

动物尚且能凭借它们的成长特性，凭借它们与生俱来的天赋来生存繁衍，作为万物之灵的我们，就更应挖掘自己的天赋，创造自己的生活。

我们时常羡慕那些有天赋的人，因为他们总能生活得如鱼得水，总能在事业上呼风唤雨。他们既是社会规则的制定者，又是时代潮流的引领者；他们是粗鄙者眼中的“牛人”，是高雅者心中的“天骄”。人人都想做最好的自己，但很多人连自己都做不到。在这样的状态下，我们开始把“成功”“财富”等看成一种只有具备天赋才能做到和获得的事。天赋并不是什么遥不可及的东西，它只不过是每个人都具备的成长特性。人生而不同，而这种不同正是这种成长特性形成的原因。

世界上最年轻的围棋八冠王——柯洁，他算不算有天赋呢？第一次听到柯洁的名字，是在 2017 年的围棋人机大战上。作为世界排名第一的围棋九段选手，柯洁对战人工智能 AlphaGo（阿尔法围棋）。

早在 2016 年 3 月，韩国棋手李世石迎战人工智能 AlphaGo 时，柯洁就在微博上写下了自己的约战宣言：“就算阿尔法围棋战胜了李世石，但它赢不了我。”

2017 年 5 月 23 日至 27 日，在“中国乌镇·围棋峰会”上，柯洁与人工智能 AlphaGo 在棋盘上大战了 3 天，最终人工智能 AlphaGo 以 3:0 的绝对优势战胜了柯洁，打破了这位年轻棋手曾经许下的“豪言”。柯洁虽然败给了人工智能，但他的实力不可否认。他曾在多次世界围棋大赛中斩获桂冠，曾长期在世界围棋积分排名中独占鳌头。这样天赋异禀的人，在世界范围内都少之又少。柯洁的天赋毋庸置疑，柯洁的优秀亦毋庸置疑。但这还不是柯洁天赋的“底线”。

2019 年 11 月 29 日，在腾讯举办的斗地主锦标赛上，柯洁获得了全民星赛冠军。11 月 30 日，柯洁在微博上用“不务正业嗷”五个字进行了自我调侃，与粉丝分享了获奖的喜悦。柯洁的爱好实在广泛，他除了围棋、斗地主能拿冠军外，还能在网络游戏领域叱咤风云，比如他在网游《逆水寒》自走棋排行榜上拿到过第一名，在线下《昆特牌》娱乐赛上碾压过挑战者，在竞技游戏《王者荣耀》中登上过“最强王者”的宝座，并创造了“五人组排”71 连胜的战绩。柯洁的天赋如此惊人，于是，网友们纷纷发出这样的感慨：“智商高就是好，玩什么都厉害！”“他会不会玩任何东西都觉得索然无味呢？”“这种真的是人吗？我想问问他还缺徒弟吗？CP（搭档）也行！”

见此种种，很多人产生这样的感觉：认为很多事情是天生注定、不能改变的，比如家世、长相、智商等等。但天赋并不是无法触及的。很多天赋的获得都是有迹可循的，它们只不过是我们在成长过程中获得的某种特性而已，柯洁的天赋也不例外。柯洁的父亲名叫柯国凡，是一位水利系统工程师，他虽不是一位职业棋手，却非常热爱围棋，是一个地道的“棋迷”，几乎把所有业余时间都花在了围棋上。柯洁的母亲周柳萍在怀柯洁的时候辞职在家，帮助丈夫打理一家围棋馆。柯洁虽然不能说是出生于围棋世家，但他确实是在围棋的熏陶下长大的。周柳萍十月怀胎期间，围棋馆的生意很好，常常有“高手”聚在一起“过招”，很是热闹。柯洁 1997 年出生，五六岁就开始学下棋，他的天赋是在不断的学习和成长中获得的特性。

许多父母相信通过胎教可以让孩子获得某种特性，而关于围棋的“胎教”，很可能在娘胎中就已经对柯洁产生了影响，并逐渐使他形成了一种围棋天赋。或许，天赋本就是一种天生具备的特性，只需要通过后天的培养和练习，它便能发扬光大。我们不如用天生具备的成长特性来定义它。我们从父母那里继承的基因对我们未来的影响是有限的，而我们在成长过程中获得的特性却能长期地影响着我们的未来。所以在你丧失信心、认为自己没有天赋的时候，不妨“清点”一下自己天生具备的那些特性，并通过不断的学习使它们发展壮大，也许它们就是我们的“四叶草”，就是能给我们带来幸运的天赋。

“秀一秀”你天生擅长的能力

为什么我考试考不过别人呢？那是因为我没有学习天赋。为什么我跑步跑不过别人呢？那是因为我没有运动天赋。为什么我在KTV唱歌唱得不如别人呢？那是因为我没有音乐天赋……

如果我们按照这样的态度和逻辑去思考人生，即使再有天赋也终会变成一个庸碌的人。从小到大，我总喜欢与别人比较，即使不是主动去比，也会被父母、亲戚、朋友拿来与人比。但无论主动还是被动地比较，我大多数时候都会以惨败告终。比不过别人成了我生活中的常态，于是，我开始有了自卑的情绪，开始怀疑自己的能力，心中总是萦绕着这样的问题：我比不过别人，是不是因为我没有天赋呢？也许被这个问题困扰的人不止我一个，还有许许多多的人和我一样，也曾在青春的某个当口为这个问题劳心费神。如果我们总是拿自己不擅长的事与别人擅长的事进行比较，我们将永远沦为弱势群体。

《龟兔赛跑》的故事一直被人们奉为经典，并时常拿它来教育孩子。家长们希望孩子能像故事里的乌龟那样脚踏实地，通过不懈的努力，最终获得成功，而不要像故事里的兔子那样骄傲自满，自毁前程。但在实际生活中，很多家长的做法却恰恰相反。他们希望孩子像天生擅跑的兔子，总能领先别人一步，并总是强调决不能让孩子输在起跑线上。他们不希望孩子像慢吞吞的乌龟，即使它足够上进和努力，也绝不是家长比拟自家孩子的理想对象。不少人抱怨自己没有天赋，没有所谓的“天生擅长的能力”。在看到别人成功时，他们常常会说：“要是我有这种天赋能力，我也能成功。可惜，我真的没有。”其实，并不是他们没有天赋能力，而是他们把天赋能力看成了某种遥不可及的存在。

《西游记》中的猪八戒是个地道的“吃货”，但他却能凭借这个能力成为“净坛使者”，这实在是令人佩服。这种观点虽然唐突，但也不无道理，如果猪八戒不能吃，他未必能当上“净坛使者”。在这里，能吃就是猪八戒的一种天赋能力。现实生活中靠吃成名和成功的人有很多。网络时代，吃播盛行，会吃、能吃这些看似不起眼的能力都成为一种发家致富的方式。有人可能会问：“吃也是一种天赋能力吗？每个人都会吃呀。”不错，每个人都会吃，但并不是每个人都能靠吃成名和成功。我们有时会把能力看得过于“高大上”，其实那些非常“接地气”的能力，也是能力。实际上，有很多人正是靠着那些被我们“看不起”或“看得很低”的能力走向成功的。吃是人们普遍具有的能力，但有些人却能吃出“艺术”来。如果你从来没有把“吃”当作一种能力，那么你也很难发现自己身上具备的其他能力。因为即使你有能力，这些能力也会被你忽略，你根本没有把它们当作能力。时下爆火的网红李子柒之所以能如此广受追捧和喜爱，正是因为她通过网络秀出了自己的天赋能力。

李子柒是一个生长在四川乡村的90后姑娘，她自幼父母双亡，从小跟着爷爷奶奶一起生活。李子柒的爷爷做过乡厨，她从小帮着爷爷烧火，给爷爷递盘子。在爷爷的影响下，李子柒对“吃”有着很深的研究。对一个从农村走出来的穷苦女孩而言，还有什么能比享用一顿美食更能令她欣喜呢？李子柒是一个会吃、懂吃的女孩，她能亲手制作工序复杂的美食，将“吃”变成一种艺术。她制作的美食视频既充满浓郁的生活气息，又饱含诗情画意，更重要的是能传播中国饮食文化。她的每一期美食视频都非常有特色，有的充满浓浓的乡愁，有的饱含真切的亲情，有的传播满满的正能量。李子柒以“吃”为立足点，彰显了“民以食为天”的中国传统文化，她的作品把美食与幸福生活紧密结合，将“吃”变成了一种文化的传承、一种人与自然和谐相处的美好生活的象征。

如今，李子柒不仅收获了千万粉丝，还打造出自己的美食品牌，各大媒体对她争相报道，她在收获巨额流量的同时，也赢得一片盛赞。就连央视也给予她肯定的评价：“没有一个字夸中国好，但她讲好了中国文化，讲好了中国故事。”《中国新闻周刊》更是为她颁发了“年度文化传播人物”奖项，并对她这样评价：“她是一位现实中的造梦者，也是一位让梦想成真的普通人。在乡野山涧之间，在春风秋凉的轮替之中，她把中国人传统而本真的生活方式呈现出来，让现代都市人找到一种心灵的归属感，也让世界理解了一种生活着的中国文化。她用一餐一饭让四季流转与时节更迭重新具备美学意义，她让人看到‘劳作’所带给人的生机。”

在盛誉之中，李子柒也受到过人们的质疑。有人说她在干农活时穿汉服，是在摆拍、在作秀；有人说她身后有团队，靠炒作起家。面对这种种的质疑，她只是付之一笑，并没有十分在意。她一如既往地做好自己的事情，向人们展示自己擅长的东西。李子柒的爷爷在她小学五年级时就过世了，家中失去了最重要的经济来源，她只能与奶奶相依为命，对于这个 14 岁就出门打工的女孩，我们还要怎样苛求于她呢？她在酒店当服务员，那时一个月的基本工资是 300 元，偶尔不小心打碎一个杯子、盘子都得赔，拿到手可能就 200 多元。有主持人问她的感受，她说：“其实我觉得还好，那个时候够用了。”

后来，李子柒拜师学习“打碟”，因为她要活下去，要带着奶奶好好活下去。她并没有多么喜欢音乐，只是因为做这一行工资高，她可以把赚到的钱给奶奶，仅此而已。李子柒的生活相当不易，但她靠着自己的双手，靠着自己擅长的能力，把生活过成了令人羡慕的样子。

有人问李子柒未来最大的梦想是什么。她说：“跟奶奶在一起，开心一点，平平淡淡一点，舒心一点。有时候，两个人待在乡下，种种花，种种菜，种好多好多果树，种各种各样的花、各种各样的蔬菜。每天早上起来就摘一些花，把今天要吃的蔬菜采回来，然后我就一天都不出去了，因为外面太阳很大。希望一直过这样的生活就可以了。”

我们在祝福李子柒的同时，更应该向她学习。我们有疼爱自己的爸爸妈妈、爷爷奶奶，不用14岁出门打工，不用为了生活而学习“打碟”，我们有太多强过李子柒的地方。李子柒没有什么特别惊人的天赋，但她勇于将自己天生擅长的能力秀出来，并且能持之以恒地把事情做到极致，所以她取得了成功。所以，你我要想成功，不妨先从“秀出”自己天生擅长的能力开始。

天生的执念潜藏着你的热情

“执念”在哲学上的定义是通过长期反复地寻找而得知自己内心真实的需求，同时自身的观念又被这种需求束缚，相互作用不断上升的过程。在我看来，“执念”是一个非常文雅的词，它总是与坚持、忠于理想、不放弃等美好品质联系在一起。它是一种做事的态度，也是一种处世的哲学。它是一种坚定的信念，却要比信念更牢固；它是一种可贵的精神，却要比精神更难得；它是一种良好的品质，却要比品质更纯真。天生的执念潜藏着你的热情，发掘这份热情，你就能找到自己的天赋。

在人生的路上，你是否反复追问过自己内心真实的需求究竟是什么？你是否执着于某一领域或某一件事情？你是否一直遵从内心最深处的感觉，不曾改变也不曾放弃？你是否为了心中的信念去努力、去奋斗、去等待，历经无数个日日夜夜和春去秋来？你是否为了某种坚守，从黑发等到白头，蹚过千难万险，依旧不曾改变？如果有，那么恭喜你，这份执念便是你的天赋之一。

一时的兴趣只能赋予我们“三分钟的热度”，而天生的执念却能赋予我们“一辈子的热度”。对某个领域或某件事拥有“一辈子的热度”，这是何等的热情！当你找到这份热情所在，就能从中生出无限的乐趣，即使在实现它的路上困难重重、辛苦异常，你也会感到自在轻盈。

苹果公司创始人乔布斯的人生非常曲折且丰富。乔布斯的生母是一个年轻未婚的女大学生，乔布斯还未出生，她就决定将乔布斯送给别人收养，并要求收养者必须拥有大学学历。乔布斯原本会成为一个律师的儿子，但是等到他出生后，那个律师和他的妻子却“变卦”了，他们更想收养一个女孩。于是，乔布斯被送到另一个家庭收养，不过，乔布斯的生母很快发现这个家庭的女主人并不是大学毕业生，而男主人甚至连高中都没毕业，所以拒绝在收养文件上签字。后来，这对夫妇保证在乔布斯长大后一定会送他上大学，乔布斯的生母才妥协。

十七年后，乔布斯被美国里德学院录取，上了大学。但是，学校的学费非常昂贵，而他的养父母只是普通工人。为了支持乔布斯上学，养父母花掉了积攒多年的积蓄，这令乔布斯非常内疚。在学校待了六个月后，乔布斯发现学校对他来说并没有想象中那样有价值。一方面，他不知道自己的人生理想是什么，也不知道在学校里如何才能找到它；另一方面，他对自己念书花掉养父母的所有积蓄感到十分内疚。于是，他决定辍学。

辍学后的乔布斯在学院里又待了十八个月。他抛开了那些枯燥乏味的课程，开始研究自己真正感兴趣的科目。没有寝室，乔布斯就睡在朋友寝室的地板上，他平时省吃俭用，尽管生活很艰苦，但他非常热爱这样的生活。他尽情满足着自己的好奇心，总是凭着直觉和爱好去做事。而事实证明，他在这一期间做过的事确实令他受益终生。例如，辍学后的乔布斯因为不用去上课，就凭着兴趣报名参加了学院里的书法培训班。当时，里德学院的书法课程在全国范围内屈指可数，校园内的海报上和教室抽屉的标签上都是漂亮的手写体。乔布斯不仅在培训班里练就了一手漂亮的字，更重要的是他提高了文字方面的审美，比如他认识了灯芯体、衬线体等不同的字体，了解了字母如何组合和设置间隙才能更美观等。乔布斯对书法艺术非常着迷，并在此期间掌握了字体、排版等方面的知识，对当时的他来说，这些东西似乎没有什么实际意义。但在之后的人生中，这些东西却成为他实现梦想的重要基础。

十年后，乔布斯设计出第一台苹果电脑时，他把书法课上学到的东西充分应用到了苹果电脑系统中。于是，世界上第一台将文本精致排列的电脑就此诞生。如果乔布斯没有遵循内心的声音选择自己真正想要的东西，他就不可能去参加书法培训班，也就无法掌握字体、排版等方面的知识，更不可能制造出拥有完美字体和排版的苹果电脑系统。这些事情就像人生中的一个又一个节点，而连接它们的正是乔布斯心中的那份坚定的执念。

也许，现在的我们和曾经的乔布斯一样，正处于迷茫的状态，看不清人生节点之间的联系，但只要我们能像他一样，遵从自己内心的声音，发掘自己的热情所在，把心中的执念坚持、贯彻到底，终有一天，我们会豁然开朗，人生节点之间的联系也会自动显现出来。坚持心中的执念，不畏惧命运的摆布，勇往直前，我们不仅能从中获益良多，还能造就与众不同的人生。

从小到大，有没有一件事是你打心眼里想去做的呢？可能有，也可能没有。就像我，我从小是个内向的孩子，被邻里们戏称为“老实巴交的好孩子”，没什么特殊的爱好，总认为自己以后会像父母一样，做一个庄稼地里耕耘的人。就我这闲散的性子，我想这辈子也没有什么能吸引我，也不会有令我为之神往的事情出现。然而，事实并非如此。

我上学以后，喜欢独来独往，不爱和同学打交道，在学习上也不够专心，经常考试不及格，为此还留了级——在小学三年级的教室里又陪着学弟学妹们坐了一年。一个非常颓废的童年，一个不思进取的童年，我曾经认为那没什么大不了，毕竟只是童年。但和同一届同学分开之后，我开始有了变化。新的学期，我走进熟悉的教室，看到的却是一幅幅陌生的面孔，一道道目光向我望来，生硬而拘谨，就像是许多游客在看笼子里的猛兽，充满好奇，却又怕它从笼子里跑出来伤人。我十分讨厌这种感觉，想要逃离，但又身不由己。

此后，我的生活中只有学习。我记不得那是我主动去学，还是我太闲了。总之，我按时交了作业，及时完成了背诵任务，这些对我来说轻而易举，毕竟我早已学过一遍。第一次考试，老师按排名发试卷，我第一个被叫起。这一次，所有的目光再次集中在我身上，但奇怪的是，他们的眼神中少了些生硬和拘谨的东西，而多了些许羡慕和尊敬。我第一次有了被重视的感觉，而且是被那么多人重视。我小小的生命中，第一次在走向讲台时迈出了轻快的步伐，而不是紧张的步伐。

一张满分 100 分的语文试卷，我考了 98 分，只因作文里有个错别字，扣了 2 分。而这份成绩对那些新生来说堪称“奇迹”。而对于我的语文老师来说，这虽然不能被称作“奇迹”，却也惊到了。那时，我看到他敛去了平时的严厉，只剩下满满的和蔼可亲，他不仅冲我微笑，还当着全班的面表扬了我。令我印象最深的是，他当众阅读了我的考试作文——《学校的花园》。那是极有感情地朗诵，那文字也是极有感情的文字，这一切令我的身体颤抖起来，内心开始抽泣，一颗名为“信念”的种子落下，开始生根发芽。从那一刻开始，我的理想是成为一名作家，一名最有情怀的作家。我坚信，只有富有真情实感的文字才能打动人，只有把最深刻、最真诚的情感融入文章，我才能成为最有情怀的作家。

我对文字有一份执念，所以在我的人生中，我对文字始终不离不弃。即使在某个时刻与它疏远了，我也会在潜意识中，在那份执念的指引下重新与它亲近。“以文为生”的执念萦绕着我，让我在文字铺就的道路上越走越远，我想只要我坚持往前走，我一定会完成心中所愿，成为那“最有情怀的作家”。那么，你呢？你是否正准备把你心中的执念化成春水，去浇灌天赋的土壤下埋藏的梦想种子呢？

第二章

发掘天赋：解锁你的“基因密码”

闭上眼睛想象你的天赋

人类是世界上最聪明的动物，但越是聪明就越容易自以为是，比如我们一直相信我们的行为、想法和感觉都是受自身意识控制的，但实际上并非如此，科学家们发现，有一种看不见、摸不着的神秘力量在支配着我们的一举一动。这种看不见、摸不着的神秘力量就是潜意识。面对一件亟待解决的事情或问题，为什么我们会这样行动、这样感觉、这样思考呢？正是因为潜意识在发挥作用。潜意识是人类所拥有的一种区别于动物本能的独一无二的复杂本能，不是人类的主要意识，也非常难以驾驭和控制。我们喜欢有意识地去发掘自己身上可能存在的天赋，但很多天赋在有意识的状态下是不能被直接“看到”的，这时候我们就要利用潜意识来发掘它们。

很多时候，意识会这样告诉我们：你什么也做不好，你天生就是个失败者，你是一个毫无天赋的人。但是这些有意识的想法可能与现实差别很大。实际上，我们人生的幕后操纵者是潜意识，从穿衣吃饭到谈情说爱，从努力工作到娱乐生活，我们绝大部分时间都是受潜意识的驱使。潜意识具有无穷的力量，只要我们能找到驾驭它的方法，就能发掘出我们身上隐藏的天赋。

在城市中，人们每天的生活都异常忙碌，多数人很少能停下来仔细观察周围的世界。人们通常自认为非常熟悉自己周围的环境，认识每一条街道、每一家店铺、每一个基础设施。但是，我们周围也存在着许多我们看不见的事物。对于这个繁忙、拥挤的世界，你我真正能记住多少呢？

我们自认为周围的一切被我们尽收眼底，但实际可能并非如此。人的眼睛就像我们天生具有的摄像机，它最快可以每秒转动 5 次，我们会利用眼球的转动来对周围事物进行拍照。在我们眼睛转动的间歇，我们其实什么也看不见，这时周围的事物都被我们的视网膜忽略了。当我们的目光定格时，我们才会认为自己看清楚了事物。

科学家们做过这样一个实验：他们试图探寻人在有意识状态下的记忆能力的极限。这个实验同时也能解答令许多人困惑的问题——为什么人们会认为自己没有记忆天赋。

在牛津大学的大脑和认知实验室里，研究员通过测试一个人的瞬时视觉能力来研究他的大脑记忆能力。研究员先是为试验者乔治戴上了一个测量头盔，然后又让他将右手放在光导纤维反应垫上。乔治需要在 200 毫秒的时间内，先观察 4 个图像，记住图像的方向，然后判断重新浮现的一个图像是向左偏移还是向右偏移了。需要说明的是，200 毫秒的时间相当于人瞥一眼的时间长度，每次重现的图像只有一个，不过它的方向会有所改变。这个实验可以测试出乔治仅靠意识的记忆能力。在实验过程中，一个图像实际是向右偏移了，但乔治却给出了“向左偏移”的答案。通过多次实验，研究员统计出了乔治在大脑中记住的 4 个图像的变化情况。

在做这个实验之前，很多人会像乔治一样，认为记住4个图像并快速做出反应是极为简单的事情。但是，实际上并不简单，乔治在很短的时间内无法完全记住4个图形的情况，即使记住3个也是困难的。实验结果显示，乔治平均记住了2.8个图形。通过反复实验，研究者发现这个数据适用于大多数试验者，并由此得出这样的结论：对大多数人来说，大脑在有意识状态下的瞬时记忆能力的最大值平均不到3个。4个图像所包含的信息就超过了人有意识的处理能力，这也是人在有意识状态下每次只能处理2到3项任务的原因。所以，即使我们可以把世界精简到极致，单靠意识来应对问题依然是困难的。

周围发生的一切远远超出我们意识的处理能力，如果有人认为自己注意到了身边的一切，那绝对是异想天开。但是，既然我们的意识只能处理很小一部分事情，为什么我们还能完成那么多不可思议的工作呢？实际上，这是依靠潜意识的作用。我们喜欢把潜意识与梦境、压抑的欲望联系起来，但它的表达方式远不止如此。科学家认为，潜意识在人类生活中的作用要比意识大得多。假设一张白纸代表着一个人的大脑所能处理的全部事物，那么意识所能处理的内容占多大比例呢？在白纸上，有的科学家画了一个小小的圈，有的科学家划出白纸的一角，有的科学家只轻轻画了一个“点”。总之，科学家们给出的答案是意识占极小一部分，而潜意识占绝大部分。潜意识做事往往是我们意识不到的，或者只能在事后有所意识，但它的的确确帮助我们做了不少事。基于这种认知，科学家们提出了这样的命题：究竟是人在驾驭潜意识还是潜意识在驱使人呢？（意识学命题）要回答这个问题，就要弄明白潜意识是如何对人产生影响的。

潜意识的策略隐藏得很深，我们通常意识不到。所以，我们有意使用的策略与我们潜意识的策略存在着很大差别。为了弄明白潜意识隐藏的工作原理，美国俄亥俄州的丹尼斯·萨弗尔博士做了这样一个实验：让三名试验者轮流在头顶戴着一架迷你摄影机去追逐一架玩具直升机，直到他们抓到这个玩具飞机为止。在这个实验中，迷你摄影机可以记录参与者所看到的一切，而每个参与者都自认为拥有独特的捕获策略。第一个上场的是一位女生，她所使用的策略是速度，她会全神贯注地盯着玩具飞机，同时保持身体匀速前进，在靠近飞机时快速出击。第二个上场的是一位男生，他所使用的策略是定位，他会紧跟着玩具飞机移动，在直升机降落时快速跑到其正下方将它抓住。第三个上场的同样是一个男生，他所使用的策略是角度，他使自己保持位于玩具飞机的右下方，以便看清整个局势。他们有意识的策略与他们潜意识中的策略是否相同呢？丹尼斯博士通过录像资料对三人的策略进行了分析，他在选好背景点后，分别标出了玩具飞机在每段时间内的实时位置，最后呈现出追捕者眼中看到的飞机的飞行路线。尽管试验者的追捕过程杂乱无序，但他们在移动过程中总是想使玩具飞机和背景点保持在一条直线上。试验者们沿着不同路线移动，而他们眼中飞机的飞行路线却是一条直线，所以他们的潜意识策略是直线移动，而不是他们口中所说的那些策略。

有些人认为自己会很多东西，但在做事时却很容易出错。有些人认为自己什么也不会，却总能在关键时独当一面，而事后又将其归结为运气使然。我们仅靠意识去探寻我们身上的天赋，所能看到的极为有限，有时会认为自己有很多天赋，有时又会怀疑自己毫无天赋。然而如果我们能从潜意识中探寻自我，往往能发现自己潜力无限，找到真正属于自己的天赋。

江苏卫视有一档科学竞技真人秀节目非常火爆，许多人都喜欢观看，这档节目的名字叫《最强大脑》。节目中的“世界记忆大师”王峰令人记忆深刻。

2014 年，王峰在《最强大脑》第一季节目中表现惊人，他可以用 24.22 秒记住一副扑克牌的顺序，用 10 多分钟记住 20 把钥匙对应的锁，在 1 小时内记住 2280 个无规律的数字顺序。

2015 年，在《最强大脑》第二季节目中，王峰带领中国队一路过关斩将战胜了外国队，在比拼脑力的舞台上再创佳绩。

2017 年 1 月 6 日，王峰在《最强大脑》第四季节目中以名人堂轮值主席的身份出席，与百度人工智能“小度”进行了一场记忆领域的“人机大战”。在经过 2 个小时的鏖战之后，王峰虽然以 2:3 的战绩输给了“小度”，但他仍凭借出色的表现赢得了现场观众的掌声与喝彩。2 月 24 日，王峰以 3：2 的战绩战胜了实力选手陈浩，赢得了参加国际赛的资格。

2018年，王峰出席《最强大脑之燃烧吧大脑》，担任“最强队长”。

在记忆领域，王峰是一个传奇。虽然很多人是通过《最强大脑》节目才认识的他，但是他早年参加世界脑力赛事时就已经扬名国际。

2009 年 10 月，那时的王峰还是一名就读于武汉大学的学生，他参加了第 18 届世界脑力锦标赛。在伦敦的赛场上，王峰在快速记忆扑克牌项目中以 31.02 秒的成绩横扫了对手，成为该项目的世界冠军。之后，他又在记忆马拉松项目中以 1 小时正确记忆 1984 个无规律数字的好成绩斩获了亚军。在当时，王峰的综合成绩在中国排名第一，在世界排名第五，是当之无愧的“世界记忆大师”。

2010 年，第 19 届世界脑力锦标赛在中国广州顺利举行。而这一次，王峰成为整个赛场的焦点人物。年仅 20 岁的他越战越勇，一连打破了四项世界记忆纪录，最终以 5 金 1 银的骄人成绩问鼎榜首。王峰的综合得分高达 9486 分，打破了世界脑力锦标赛成绩的最高纪录，成为第 19 届世界脑力锦标赛的总冠军，同时也成为问鼎该赛事的第一个亚洲人。赛后，世界大脑基金委员会为王峰颁发了 2010 年“大脑年度人物”称号。

王峰出生于一个普通家庭，父母常年在外打工，他一直跟着奶奶生活。王峰在中学时的成绩保持在班级前 15 名，属于中等偏上的水平，除此之外，并没有什么特别的才能，在记忆方面，也没有接受过什么特殊训练。王峰的高中班主任伍绍光老师在听说他夺冠之后，感到非常惊讶，据他介绍，王峰在高中时并没有在记忆力方面表现得多么出众。

王峰 2009 年 4 月加入武汉大学记忆协会。最开始，他只是因为感兴趣才加入了这个大学生公益社团，然而，在经过简单地练习后，王峰在自己身上有了不小的发现。在记忆课堂上，其他同学经过几个月才能取得的成绩，王峰只需一个月就能完成。有同学向王峰请教记忆的秘诀，他只是微笑着说："我每天都会给自己定一个小目标。如果第一天定的目标是 5 分钟要记住 80 个数字，那么，在第二天，我就要在 5 分钟记住 100 个数字，没有达到就不允许自己休息，一直练习着。"

王峰每时每刻都在潜意识中告诫自己不能懈怠，要奔着目标坚持下去。或许王峰并不是天生就具有记忆天赋，但他通过自己的努力，通过在潜意识中不断地提醒自己，最终挖掘出了自己的潜在能力。不难发现，王峰无论在节目中还是在正式比赛中总喜欢闭上眼睛去记忆。不仅是王峰，还有许多记忆大师也有相同的习惯。事实上，他们正在通过潜意识的想象去记忆，他们会把那些单调的数字和符号构成一幅生动的图画或一个巧妙的故事，以此来发挥大脑的无限潜能。人的天赋有时隐藏得极深，当我们有意去寻找它们时，反而会被繁杂的琐事"一叶障目"，而当我们闭上眼睛，尝试从潜意识中去探寻它们时，往往就能有惊喜的发现。

评估自己才能找准定位

成功人士在做一件事之前，往往会先对这件事的可行性做一个评估，包括事情的难易程度、可能遇到的障碍、需要的资源、回报率等等。等完成这些评估后，他们会对这件事进行一个相对精准的定位，帮助开展和控制后面的实施步骤。开公司也是一样，创业者在建立公司之前通常都会进行一系列的评估和定位，包括公司的评估和定位、市场的评估和定位、产品的评估和定位、消费者的评估和定位等等。

做任何事之前，聪明的人首先会对自己有一个评估和定位。否则，很可能会出现一个非常尴尬的局面，即你没有能力和天赋去完成眼前的一切事务。

人人都希望拥有成功、幸福的人生，而要实现这样的人生，就要以上天赋予我们的东西为基础，从我们事先拥有的一切出发。对自己做一个详细、完整的评估，有助于我们找准自己的定位。而一个精准的定位往往能够反映出一个人的天赋所在。所以，如果你觉得自己是一个没有天赋的人，不妨先对自己进行一次详细、完整的评估，当你能真正确定你的“位置”的时候，或许就是你发现自己天赋的时候。

“大衣哥”朱之文是农民出身，却在唱歌方面拥有着极高的天赋。他站在舞台上给人的感觉是：一个地道的农家汉子。很多人无法将他与唱歌联系起来。但是，当他开口唱歌时，人们又会被他那醇厚、干净、优美的歌声深深震撼。

朱之文出生于山东菏泽的一个农村家庭，只上过三年学，有一次，老师在课堂上教学生们唱革命歌曲，8 岁的朱之文兴致勃勃，自告奋勇地站起身唱了起来，他嗓门洪亮，歌唱得也好，同学们听得入迷，老师听了十分欢喜，还当众表扬了他，得到表扬后的朱之文从此便迷上了唱歌。

在朱之文 12 岁时，他的父亲不幸去世，家中失去了主要的劳动力，日子过得愈发艰难，朱之文只好辍学回家，为母亲分担家庭负担，他会做各种农活，种田、砍柴、养猪样样精通。从名字上来看，父母是希望朱之文能学好知识，将来成为一个有文化的人。而在生活的重压下，朱之文不得不辍学回家，他未来的发展也逐渐偏离了“文化”这个轨道。

1985 年，朱之文 16 岁。为了谋生，他和几个乡亲一起到北京打工。到了北京，人生地不熟，朱之文一行许久没有找到工作。于是，十多个人就凑钱买面吃，大家轮流去吃一碗面，轮到朱之文吃面时，碗里只剩下一口汤。看到大家又饿又闷，整日垂头丧气，朱之文乐观地给大家献唱，逗得大家哈哈大笑。朱之文的歌声给绝望中的一行人带来了希望。

如果说朱之文对生活有着八分的热爱，那么他对唱歌就有着十分的执着。1989 年，20 岁的朱之文用兜里仅剩的十几块钱在旧货市场为自己买了一台录音机和一盘《中华大家唱卡拉 OK》磁带。此后的一两年间，他一直守着录音机和那盘磁带听歌、模仿着唱，虽然不知道方法对不对，但他坚持天天听、天天唱，乐此不疲。除了模仿别人的歌声，朱之文还懂得学习声乐方面的理论知识，他在旧书摊上买过一本《民族声乐的学习与训练》。他会照着字典查书中不认识的字，把里面的句子读顺、读懂，实在不懂的地方，就反复琢磨。朱之文会照着书中所教的方式每天坚持练声。每天早晨，天还未亮，他就起床到田野旁或河堤上练声，且风雨无阻，在他看来，天气越恶劣就越适合练声，因为按照他的话来说，“天气越恶劣，越能打得开嗓子”。练完声后，天已大亮，朱之文返回家中吃完饭就开始下地干活。这样的生活，他整整坚持了 20 年。

后来，日子越来越好，朱之文家中添置了有线电视，他学习歌曲的渠道也更丰富了。作为山东人，朱之文平时喜欢收看山东综艺频道，尤其喜欢观看该频道播出的节目《我是大明星》。因为这档节目中不仅有音乐和舞台，还有许多像他一样热爱唱歌的“草根”。看到这些“平民选手”为了实现梦想而勇敢登上舞台，他的心也开始跃跃欲试。朱之文坐在椅子上认真地对自己做了一番评估，他觉得自己的歌声并不比这些“平民选手”差，为什么不试一试呢？他把自己的想法告诉给媳妇李玉华，并且得到了肯定的回应。但是，他又觉得自己对自己的评估不够客观，想听一听别人的意见，想知道自己的演唱能力在别人心中处于什么水平。于是，朱之文又跑去问邻居："老嫂子，你看我能上电视去比赛唱歌吗？"邻居大嫂对他说："兄弟，你唱得多好啊，保准儿行。要是没钱，我给你出路费。"

有了自我评估和别人的肯定，朱之文有了信心。他决定遵照内心的想法，努力成为一名农民歌手，这既是他的梦想，也是他对自己未来的定位。2011 年 2 月的一天，朱之文顶着大雪出发了，他要到济宁参加《我是大明星》节目组的海选。参加济宁区海选的选手有两三千名之多，现场黑压压一片，朱之文看到这个阵仗有些发怵，心里已经在打退堂鼓。他对自己的定位有些动摇，因为长这么大，他第一次要当着这么多人的面唱歌，而且要与那么多人竞争，他不确定能不能唱好，心里十分没底。等了许久，他见到一个工作人员在与人交流，就迎上去说："我给您清唱两句，您看行不行，不行的话，我就回家了。再晚的话，我就赶不上回去的车了。"说罢，朱之文就唱了起来。令他没想到的是，这个听他唱歌的人正是节目组的导演。导演听完，就让他提前上台比赛了。

朱之文身穿军大衣走上了《我是大明星》的舞台，他努力压抑紧张的情绪，清了清嗓子，深情演唱了一首《滚滚长江东逝水》。他一开口便轰动全场，演唱过程中，掌声不断，许多观众一边鼓掌一边站起来为他喝彩。唱毕，观众意犹未尽，强烈要求他再唱一首，于是，他又在主持人的鼓励下为观众献唱了一首《驼铃》。现场观众被朱之文的演唱所打动，从他开口的那一刻，掌声几乎没有断过。

最后，朱之文在比赛中脱颖而出，他终于在舞台上证明了自己。

2011 年 3 月 5 日，朱之文参加的这期节目播出，人们一下子就记住了这位朴实又会唱歌的农民大哥。网友们在看到朱之文的节目视频后，纷纷在评论区留言。有的网友评价他“技惊四座”，有的网友称赞他的发声如“杨洪基原音重现”，有的网友说他是中国的“苏珊大叔”。人们忘不了他那浑厚、优美的歌声，更忘不了他那淳朴、憨厚的形象，亲切地称他为“大衣哥”。

2011 年 3 月 17 日，著名歌唱家于文华在观看了朱之文的视频之后，非常感慨，因她与朱之文一样同是农民出身且都有着音乐梦想，她将朱之文推荐给了中央电视台《星光大道》栏目的导演王爱华。王爱华初次听到朱之文的歌声后给予其极高的评价。18 日，于文华携《星光大道》栏目组一同拜访了朱之文，并邀请他到《星光大道》的舞台上一展歌喉。

2011 年 4 月 12 日，朱之文获得《我是大明星》总决赛冠军。4 月 20 日和 5 月 12 日，朱之文又分别获得了《星光大道》周赛冠军和月赛冠军。2012 年 1 月 22 日，朱之文登上中央电视台龙年春节联欢晚会的舞台，演唱歌曲《我要回家》，成为全国人民眼中的“草根偶像”。

朱之文顺着天赋做事，实现了自己的音乐梦想。而成名后的他并没有膨胀，仍然扎根于农村，且时常从事公益事业。朱之文对自己有着清晰的认识，他知道自己的位置，人们在他身上看不到狂妄和欲望。他既是农民，也是歌手，他有着农民骨子里的朴实、本分、善良与勤俭，他把名利看得很淡，绝不是追求虚荣和见利忘义的人。他热爱唱歌，热爱生活，热爱生他养他的那片土地，他愿意用美妙的歌声来慰藉人们的心灵。同时，他又能从歌声中寻求快乐、体验生活，且不会被名利迷住双眼。他能凭借天赋变得富有，而这种富有不仅是物质上的富有，更是精神上的富有。

自我教育，引导出你的天赋

天赋是一种很神奇的东西，即使我们拥有天赋，如果我们不相信它，那么也看不见它，更别谈发挥它的效用了。相信天赋的存在，执意去探寻天赋，利用自我教育来发掘天赋，这样我们才能看清或看到天赋。

我们将天赋与自我教育联结起来的时候，就是成就自我的时候。天赋不会平白无故地出现。研究者发现，当人在从事擅长之事的时候，天赋更容易显现出来，或者说，当我们努力使自己与天赋连接起来的时候，我们才能察觉到天赋的存在。很多时候，我们无法真正知晓天赋与我们之间的根本关系，只有在实践中，在向时间证明自我价值的时候，才能用心确认自己天生的属性和能力。

天赋对人有什么意义呢？它就像是一个个体对自己的爱情。这种爱情是天生就有的，它陪伴人的时间要比现实中的爱情更长久，因为它往往在这个个体出生时就开始存在了。如果说，现实中的爱情常常与组建家庭联系起来的话，那么这种爱情往往与成就事业联系起来。而家庭和事业是人生中不可或缺的两大要素。所以，发挥天赋的作用是实现人生价值的重要一环。

天赋本身是没有意义的，只有在与我们自身联系的过程中，它才有了意义。天赋是一种微妙的存在，它不会直接出现在我们的眼前，也不会无端地闯入我们的感觉，它时常处于隐身状态，当我们试着去了解和认识自己，试着自我关爱和自我教育，试着去客观辩证地认知和相信的时候，它才会显现出来。

天赋与教育之间有什么联系呢？我们知道，对孩子的教育需要循循善诱，这样教育出来的孩子才能知书达理。实践证明，教育是需要付出莫大耐心的，如果操之过急，往往就不会达到想要的效果。一个人可以教育别人，也可以教育自己，教育别人需要耐心，教育自己同样如此。不管教育别人，还是教育自己，我们都需要学会循循善诱。从某种程度上来说，人的天赋是在循循善诱的自我教育中显现出来并发挥作用的。

2019 年 7 月 26 日，一部魔幻动漫电影的上映刷爆了朋友圈，它就像一匹黑马，不仅冲击、震撼了观众的内心，同时也在票房上碾压了同期上映的电影。这部电影的名字是《哪吒之魔童降世》。

灵珠和魔丸两者本是一体，都是混元珠的一部分。元始天尊将混元珠一分为二，命太乙真人携灵珠下凡，让灵珠投胎为人，助周伐纣。但是，在申公豹的阻挠下，最终投胎为人、成为陈塘关总兵李靖的儿子竟成了魔丸。而在此之前，魔丸已经被元始天尊布下天劫咒，3 年后，天雷就会降临轰杀哪吒。

本应成为救世英雄的哪吒在阴差阳错中竟成为人人畏惧的混世

魔王。为了让陈塘关的百姓放心，李靖只好将哪吒关在家中抚养。太乙真人帮助李靖在府邸的周围设下结界，没有结界的钥匙，无人能够进出。

无人陪伴，被百姓嫌弃，又无法与家人正常玩耍，哪吒的内心非常孤独，但他又不甘寂寞，经常施巧计出逃，却与村民们闹出了越来越多的误会。在我们的记忆中，哪吒本应是那个手拿乾坤圈，脚踩风火轮，身穿混天绫的阳光少年，但剧中的他却成了羊角辫、西瓜头、鲨鱼齿、烟熏妆的小丑娃。这更加展现了其魔王的身份。而实际上，哪吒是一个渴望得到认可、梦想成为英雄的有志少年。

哪吒魔丸的身份以及他出生时一系列不祥的征兆，使百姓们对他充满了偏见，人们畏惧他，视他为妖怪，不愿接近他，也不让孩子和他玩。面对种种成见，哪吒只能躺在床上自嘲——“我是小妖怪，逍遥又自在，杀人不眨眼，吃人不放盐”。

哪吒看似调皮捣蛋、顽劣不堪，实则内心善良、心怀正义。他想努力学本领，助人为乐、斩妖除魔，以改变村民对他的看法。然而，当他从水妖手中救下孩子，即将斩妖除魔的时候，人们却怀疑他才是做恶者，甚至对他恶语相加，说他是烧毁村庄、绑架孩童、殴打村民的元凶。

哪吒有本领、有天赋，但在人们眼中，那并不是什么本领、天赋，而是灾难、罪恶和恐惧之源。哪吒很优秀，人们却觉得他太另类，认为他的天赋是伤害别人的武器，所以才会对他产生无数的偏见和诋毁。

面对种种责难，哪吒终于在忍耐中爆发，他要教训那些无知的村民，让他们知道自己的厉害，让他们对自己的污蔑付出代价。然而，他的这一行为更加让村民认定了他是魔王，是妖怪，是无可救药的坏人。

但是，即使面对种种误解，哪吒仍然没有屈服于命运，他仍愿意用自己的战斗天赋来拯救那些误解、诋毁他的人。

当灵珠转世的龙太子暴露龙族身份的时候，人们知晓了龙族同伙申公豹偷灵珠的秘密。在申公豹的怂恿下，身兼龙族重任的龙太子决定杀掉所有村民，将龙族的秘密掩盖。

龙太子全力施法，巨大的水柱在寒冰法术的加持下变成了千万吨的冰块，朝着整个村子砸下。在千钧一发之际，哪吒化身“魔童”，以一己之力撑起了整个冰块，并利用自己的力量将冰块燃烧殆尽。所有村民都得救了，但哪吒接下来却要承受元始天尊布下的天劫咒。

幸运的是，此时的龙太子终于认识到自己的错误，愿意与哪吒共抗雷罚。灵珠、魔丸本为一体，两人合力释放出巨大的能量，再加上太乙真人的帮助，二人最终得以保留魂魄。在经历了巨大的劫难后，村民们终于看清了事实，纷纷向哪吒行跪拜大礼，来感谢他们的救命恩人。

哪吒本是魔丸，但他却通过自我教育，把本该用来灭世的邪恶力量转变成了救世的正义力量，并完成了“我命由我不由天”的自我救赎。

现实中，不少人与哪吒一样，也面临过种种偏见和误解。在面对种种打击之后，有的人会认为自己没有天赋、一无是处，只会给别人带来麻烦，就像是一颗真正的“魔丸”。他们屈服于命运之下，得过且过，自怨自艾，最终堕入了深渊，无法自拔。但也有人与哪吒一样，从不向命运低头，即使自己天生就是一颗被人误解的“魔丸”，他们也会努力活成“灵珠”的样子。他们自信、乐观，善于通过自我教育引导出自己的天赋，懂得用善心和爱心来完成自我救赎。

同样是战斗天赋，放在“魔丸”身上，那便不再是天赋，倒成了邪恶、破坏的代名词。而若将这战斗天赋放在“灵珠”身上，那便是人人都想拥有的正义力量。一颗邪恶的“魔丸”尚且能够通过自我教育成为一颗正义的“灵珠”，我们又为何不能通过自我教育来找到自己的天赋呢？

努力也是一种天赋

尽管人们都喜欢谈论有关“天赋”的话题，但很多人只是“人云亦云”，并没有深入地探究过天赋的真正含义。不少人对天赋的理解还停留在“运动天赋”“音乐天赋”“绘画天赋”等范围之内。

有人认为有天赋就是有能力，能不费吹灰之力完成一般人感到困难的事情。这种理解实则过于夸大天赋的效用了。实际上，天赋只是一种资质，或者说是一种潜力。它可以帮助拥有它的人更容易地完成某件事情，或者使他在某个领域做得比一般人更出色。但是，要轻松完成某件事，或者在某个领域做得比别人更出色，除了要具备一定的天赋外，还需要进行刻意的练习。

我们在学生时代都有背诵课文的经历。同样一篇课文，有的人读了两三遍就能背出来，有的人反复诵读多遍，可能仍无法完成背诵。于是，背诵课文对于不同的人就有了难易之分。我们无法否认，有些人确实具有记忆天赋，可以在极短的时间内完成别人望尘莫及的背诵任务。但我们也不能忘记，即使这些记忆天才拥有过人的天赋，他们仍需要通过两三遍地“刻意练习”才能完成背诵。

下面我们将天赋、刻意练习、背诵任务数字化，方便理解其中包含的道理。假设一个人的记忆天赋是10，他需要读3遍可完成一篇文章的背诵。在这里，我们可以把这个过程公式化，即：背诵任务（30）= 记忆天赋（10）× 刻意练习（3）。那么按照这样的逻辑，一个记忆天赋是3的人，需要进行10遍的刻意练习才能完成背诵任务，即背诵任务（30）= 记忆天赋（3）× 刻意练习（10）。

我们可以通过这样的方式大概认识到天赋与刻意练习在实践中的位置和作用。通常而言，天赋更高的人在完成一项任务时，其所需刻意练习的次数可能更少，而天赋低的人则与之相反。

天赋是人天生具备的一种特性。有些人认为有天赋的人总是处于领先别人一步或几步的起跑线上，所以一般人很难在人生的长跑中跑赢他们。也有人调侃，有天赋的人一出生就站在了赛场的终点，并认为一般人是难以与之相比较的。其实，这些观点只是一些人的臆测罢了。实际上，在凭借个人能力完成一件事情时，人们的起点都是相同的，天赋的作用是起到加速作用，它能使人跑得更快，而不是使人起跑前就领先于别人，或直接处于终点。

总之，我们不能直接把天赋看作能力，更不能认为拥有天赋就等于达成了结果或拥有了成功。要想达成结果或拥有成功，只有天赋是远远不够的，还需要为之付出与你天赋相匹配的努力。一个人的天赋高，他可能只需要付出极少的努力就能达成结果或拥有成功，但无论天赋有多高，努力的过程都是不能省去和忽略的。

风靡全球的动漫《火影忍者》里有一个用努力来证明自己的忍

者，他的名字叫李洛克。李洛克是木叶忍者村中一个十分普通的孩子，他虽然想成为忍者，却没有成为忍者的天赋，甚至连普通人都比不上。

在他刚进忍者学校时，有同学嘲笑他："你是不可能成为忍者的。"

李洛克却回答："我能行的！"

"连忍术都使不了，怎么可能成为忍者啊？"同学继续嘲笑他。

"我能行的！"李洛克坚定不移。

另一个同学附和："不仅是忍术和幻术，你连体术也不如别人，能进到这个忍者学校就已经很不可思议了。"（忍术、幻术、体术是忍者的三项技能）

为了不让别人嘲笑，也为了证明自己，李洛克一直努力修行。他每天早晨都坚持训练，并为自己制定计划：如果完不成踢木桩500次，就做1000次蹲起；如果完不成1000次蹲起，就打正拳2000次；如果完不成打正拳2000次，就跳绳2000次。从早晨到夜晚，他的训练几乎不曾间断。

后来，李洛克凭借努力正式成为下忍（忍者的一个级别）。在开学第一天，老师迈特凯让班级成员分别说一说自己的目标。

轮到李洛克时，他说："我想要证明，就算不能使用忍术和幻术，也能成为一名优秀的忍者。这就是我的目标。"

李洛克经常与同队的体术天才忍者日向宁次对战，但每一次都以失败告终。别人告诉他要长记性，不要总是去挑战宁次，因为宁次是天才，是跟他不一样的人。但李洛克却回答：“天才又怎样？就算没有才能，我也要通过努力超越天才。这就是我的目标！这就是我的忍道！”

当然，在不断的失败之后，李洛克也曾在心中怀疑过自己。而老师迈特凯给予了他极大的肯定：“你虽然既不会忍术和幻术，也不是体术的天才，但是你是拥有着超过宁次的能力和可能性的天才，因为你是努力的天才。”

观看过这部动漫的网友对李洛克的评价很高，有人说：“火影中给我极大勇气的是李洛克！”仅此一句，便能让我们感受到努力给人带来的巨大能量。事实上，李洛克这一动漫人物在现实中的原型正是我们所熟知的武道宗师李小龙。一提到李小龙，我们就会将他与武术天才联系起来。没错，李小龙的天赋是很高，我们尊重他，称赞他，以他为骄傲。但很多人喜欢他并不仅仅是因为他的天赋和成就，还因为他的努力和永不放弃的精神。不管是动漫中的李洛克还是现实中的李小龙，他们之所以能打动我们，令我们热血沸腾充满力量，正是因为他们的努力给了我们力量和勇气。

我们在前面提到的“刻意练习”其实就是努力的一种指标。有记忆天赋的人可能需要 3 遍的刻意练习就能完成背诵任务，那么他的努力程度就是“3”，没有记忆天赋的人可能需要 10 遍的刻意练习才能完成背诵任务，那么他的努力程度就是“10”。而不管是有天赋还是没有天赋，在这个竞争激烈的世界中，努力始终是必要的。

人是一种喜欢猎奇的动物，大多数人都喜欢新鲜事物。当一件事情重复多遍之后，我们往往就会对其失去兴趣。但是，为了掌握一种技能，我们通常需要进行多次的刻意练习才能达成目的。假设一个有记忆天赋的人需要刻意练习 3 遍才能完成背诵任务，但他只读了两遍就厌烦了，那么最终他不能完整地背诵出全部的课文。这样的人即使拥有天赋，也无法获得成功。假设一个没有记忆天赋的人或记忆天赋较弱的人需要刻意练习 10 遍才能完成背诵，而他为了达成目的，努力练习了 20 遍，那么最终他就能完美地完成背诵任务。对于喜欢新鲜感的人来说，每多一遍的练习就是对其心灵的煎熬，是对其耐力和信心的考验。有些人有意愿去努力练习，能够承受努力所带来的煎熬和考验，所以，即使他们没有所谓的天赋，依然能够取得成功。

在我们以往的观念里，除了有天赋的人容易成功外，努力的人也十分容易成功。那么，我们不禁要思考：人努力的意愿是否也能被称作天赋呢？我想这完全是可以的。我们喜欢强调人在能力方面的天赋，殊不知，拥有努力的意愿亦是一种天赋。我们不妨称之为“意愿天赋”。

即使我们没有把努力看作天赋的观念和习惯，也一定要拥有这样的认知：一种能力或技能的养成，需要的不仅仅是天赋，还有后天对天赋的开发，比如持续不断地刻意练习，而刻意练习是需要拥有努力意愿的人才能坚持下去的。所以，要想成为行业内的高手，除了需要天赋的加持外，还需要坚持不懈的努力。从古至今，凡是能成为“宗师”“大家”“伟人”的人，不一定是拥有天赋的人，但一定是一个努力的人。天赋往往是成功者的标签，而努力亦是。天才不努力就可能被努力的“平庸者”超越，这一点毋庸置疑。

第三章

天赋与做事：用对天赋才能做对事

不是你没有天赋，而是你的方法不对

网络上有句很流行的话，叫“方法不对，努力白费”。乍一看，大家都能理解这句话，甚至有不少人把它奉为座右铭，用以时刻警醒自己。我对这句话的理解比较粗浅，因为在我看来它就是一个“大道理”，人人都会说，没有什么特别的。不过，偶然观看了朋友圈里的一个视频后，我对这句话有了更为“灵动”的理解。

这个视频是这样的：

两个士兵准备突击一间房门紧闭的屋子，其中一人拿着枪、靠着墙壁，负责掩护和警戒；另一人负责踹开房门，率先向屋内突击。两人在执行任务的过程中都表现得很专业，而且现场气氛十分紧张。然而，尴尬的一幕出现了。只见负责突击的士兵狠狠一脚踹向房门，而房门却纹丝未动。负责警戒的士兵向他投来鼓励的目光，示意他继续踹门。负责突击的士兵会意，拼尽全力，一连又向门上踹了几脚，然而，房门依然没有打开。就在两人无可奈何之际，一个老兵冲了过来。只见他快步走向房门，只是轻轻一拉，房门就打开了。接着，他带领两位新兵一起冲进了大门，为任务争取到了更多的时间。

视频短而幽默，却真正把“方法不对，努力白费”这句话的真谛表现得淋漓尽致。如果门需要向外拉才能打开，那么无论我们多么努力地去踹门，门都是开不了的。

我们之前说过，努力也是一种天赋，所以，在联系到天赋这个更大的话题时，我想说的是：方法不对，天赋一样白费。不过，在我看来，这句话至少有两种含义：第一种含义与“方法不对，努力白费”相似，即做一件事时，如果你的方法、方向错了，那么即使你再努力，再有天赋，你依然难以成功，简而言之，你的天赋异禀无法弥补你的错误方法所带来的缺憾；第二种含义是，如果你选择的是一条与“顺着天赋做事”背道而驰的人生方向，那么你无论多么有天赋，你的天赋也无法发挥出来，这样你的事业就不会顺利，你的人生自然也难以成功。

当我们抱怨自己什么事情也做不好，抱怨自己没有任何天赋的时候，不仅要问一问自己做事的方法是否正确，同时也要问一问自己是否在顺着天赋做事。

尽管很多人希望过无拘无束的生活，但这个世界却是在规则的束缚下运转的。人类被众多规则包围着，一旦我们打破那些必要的规则，整个人生就会崩坏。自然界有着自然界的规则，社会有着社会的规则，职场有着职场的规则。如果我们不按规则、规律办事，轻则事办不成，重则会受到规则的惩罚。用符合规律的方法去办事就是顺应规则，顺着天赋做事也是顺应规则。

如果你很努力地顺着天赋做事却仍做不成事，最大的原因可能就是做事方法出了问题，或者说你没有按照规则办事；如果你做一件事感到异常困难，无论怎么努力、用什么样的方法都不能提高你做事的效率，那么最可能的原因就是你没有顺着天赋做事。你不喜欢做一件事情，做起来也不会得心应手，且无法给你带来满足感和成就感，你的天赋是排斥这件事情的，那么你自然不会对这件事有多少热情。

魔术界有一座“丰碑”，他就是美国大名鼎鼎的魔术大师大卫·科波菲尔。大卫出生于美国新泽西州，他的父母都是移民。大卫小时候家境贫寒，艰苦的环境造就了他内向的性格。大卫的腼腆给人留下木讷的印象，小伙伴们嫌他什么也不会，所以都不喜欢和他一起玩耍。这也使得大卫非常自卑，越来越不愿与人交流。

大卫不仅不善交流，而且学习成绩也不好，他的成绩是班上最差的。上课时，老师让大卫回答问题，他总是红着脸说不知道，久而久之，老师再也不让他回答问题了。同学们常常嘲笑他，说他是一直失败的笨蛋。就连邻居也不看好他，说他将来注定一事无成。面对失败和嘲笑，大卫也尝试着改变，他每天比别人花更多的时间用在学习上，但是学习成绩仍然没有起色。学校为了保持升学率，甚至想要劝说他退学。这一切让大卫对自己的未来感到迷茫。

父母非常担心大卫，特别是他的父亲，但父亲也不知道如何帮助他。不过，一次偶然的经历让父亲看到了大卫身上的闪光点。有一次，父亲在带着大卫去车站的路上遇到了一个流浪的老人。那个老人因为乞讨来的钱被老鼠咬坏了而号啕大哭，大卫和父亲见到这一幕，非常同情老人。正当父亲准备救济老人时，性格腼腆的大卫却鼓起勇气，率先走了过去。只见他摘下头顶的黑色礼帽，将那些破碎的纸币放了进去，然后轻轻在手里摇了摇，并递向老人。老人抹掉眼泪，奇怪地看着大卫，突然，他惊喜地大叫起来。他看见自己的碎钱此刻竟然全部变得完好无缺。

大卫微笑着说："这是我用魔术变回来的。"

老人激动地说："你真是既善良又聪明的孩子。"

事实上，大卫只是悄悄将破碎的纸币与自己积攒的钱调了包。

父亲目睹了这一切，决定在接下来的旅程中启发一下自己的儿子。他们打算乘汽车前往波士顿，在去波士顿的途中经过了一个小站，这个小站距离波士顿非常近，当汽车在这个小站短暂停留的时候，父亲对大卫说："我去买些东西，你在车上等着我。"

结果直到汽车再次启程之后，大卫都没等到父亲回来。没有父亲的陪伴，大卫感到非常害怕，不知道该怎么办，不过，他最担心父亲会因为没赶上汽车而无法到达波士顿。

不久，波士顿车站到了。大卫立刻下车，他准备在车站等待父亲赶来。而当他走下车时竟惊喜地发现父亲已在车站等着他。大卫立刻飞奔过去，投入了父亲的怀抱。

"爸爸，你是怎么过来的？"大卫迫切地询问。

父亲微笑着说："条条大路通罗马。别管我用什么方式，只要能到达目的地就好啦。孩子，你要记住，虽然你学习不太好，但这并不代表你在别的方面也会失败，换一种方式，你一样可以成功。"

听了父亲的教诲，大卫恍然大悟。原来，大卫的父亲故意在小站下车，然后换乘快马提前到了波士顿。他这样做就是想要给儿子一个启发——换一种方式做事，人生可能就会大放异彩。

不久之后，大卫爱上了魔术，在父亲的鼓励下，他开始了自己的魔术人生。

十几年后，大卫·科波菲尔享誉全球，他成了美国 20 世纪乃至 21 世纪最伟大的魔术师之一。他为人们创造了太多的奇迹，他曾让一架 7 吨重的飞机在众人面前凭空消失，曾当着数千万电视观众的面让自由女神像突然无影无踪。曾在美丽的中国表演穿越万里长城的神奇魔术，曾从一座即将爆破的摩天大楼里顺利逃生，曾不借助绳索和摄像技巧凌空飞翔……总之，他的人生就像魔术一样，充满了荣誉和不可思议，没有人能否认他的成功。

大卫的故事告诉我们，当你在一个领域举步维艰的时候，你首先要做的是修正自己的方法，而不是随随便便地怀疑自己的天赋。如果一切的方法和努力都无济于事，你就应该考虑自己是否在顺着天赋做事，如果没有，就调转方向，朝着与天赋相匹配的坐标航行，一样可以到达成功的彼岸。

用天赋做事才能事半功倍

在这个快节奏的社会中，任何工作都始终围绕两个标准运行：质量和效率。这两个标准也是企业反复向员工强调的两个指标，是个人发展和企业发展必需的要素。质量和效率合成了一把双刃剑，当企业向员工要质量和效率的时候，可能会产生两种结果，一种是带给员工莫大的压力，不仅不能达到目的，反而会使员工举步维艰、寸步难行；另一种是提供给员工标准，让他们有目标地前行，这同时能够帮助他们成长，帮助他们发挥自己的才能。想要用好质量和效率这把双刃剑，关键在于“度”的掌握。

但无论如何，我们在做任何事情时都希望有质量、有效率，希望达到事半功倍的效果。这不仅仅是企业希望的，更是每个有志者追求的。那么，怎样做事才能有质量、有效率，从而达到事半功倍的效果呢？

毫无疑问，正确、科学、优秀的方法可以使困难的事情变得简单起来，而事情简单了，我们自然可以极大地提升完成它的效率和质量。但好的方法还不是最理想的答案。如果一件事情是你喜欢做、擅长做、打心眼里想做的，那么不用别人逼着你做，你也能把它做得又快又好。我想绝大多数人会认同这个答案，这就像是承认自己很帅或很美丽，即使事实并非如此，我们也会倔强地坚持自己的想法。其中，关于意愿方面的东西都是相通的。

什么事才是你喜欢做、擅长做、打心眼里想做的呢？无疑是与你天赋相通的事。若一件事处于你的天赋范围之内，你就可以骄傲地对它说："我的地盘听我的！"用天赋做事可以极大地提升做事的质量和效率，即使只是付出一半的努力也能收获数倍的成绩。其实，很多人懂得这个道理，我们也经常能从一些事例中看到利用天赋做事的效果。

鸬鹚是一种善于捕鱼的水鸟，且性情温和、易于驯养，于是就有渔民饲养鸬鹚来帮自己捕鱼。对于一些上了年纪力气不如年轻人不能再用网来捕鱼的渔民来说，鸬鹚成了他们捕鱼的最佳利器。于是，我们经常会看到，一些老渔民会撑着竹筏，载着几只鸬鹚游荡在河流之中。他们会在鸬鹚的脖子上系上绳子，以防它们把鱼私吞进腹中。在开始捕鱼时，老渔民会将鸬鹚赶下竹筏，让它们潜入深深的河底捕捉鱼虾，等到鸬鹚捕鱼归来，老渔民再从它们嘴里取出大鱼大虾，这样捕鱼精准而迅速，渔民们往往能满载而归。当然，为了奖励鸬鹚的辛苦付出，老渔民也会将一些鱼虾作为食物留给它们。这就是人利用动物的天赋来为自己做事，从而达到事半功倍的效果的例子。生活中这样的例子有很多，比如养猫治鼠患、养犬缉毒等等。

用天赋做事，事半功倍。不管这天赋是动物的，还是人的，其中的道理都是一样的。对于管理者来说，他们希望自己的员工能够各司其职、各展其才。当每个员工都能用天赋来做事的时候，企业工作的效率和质量就会大幅提高，而高效、高质的工作会使企业的发展更快、效益更好，这样一来，企业提供给员工的报酬也会跟着水涨船高。员工们既有高回报，又有施展才华和实现价值的机会，其幸福感和满足感就会增加，工作的热情和干劲也会得到鼓舞，这又会反过来提升工作质量和效率，促使企业效益继续上升。所以，优秀的企业通常是鼓励员工利用天赋做事、顺着才华做事的企业。对个人而言亦是如此，若想获得成功，就应该充分利用自己的天赋来做事。

看过《我是歌手》《中国好声音》的人，一定对李健不陌生。李健，中国著名流行乐男歌手，前“水木年华”组合成员之一，《中国好声音》冠军导师，素有“音乐诗人”的美誉。

李健是一个儒雅的歌手，他从小就是一个有天赋的人，而他的成功与他懂得利用天赋做事有着密切的关系。

1974 年 9 月 23 日，黑龙江省哈尔滨市医院里，随着一声啼哭，一位音乐天才降生了，父母为他取名李健。

李健的父亲是京剧演员，常常演《武松打虎》。父亲练功，小李健也跟着模仿，久而久之，他也有了一定的武术基础。没人能想到，如今文质彬彬的李健小时候却是小伙伴眼中的“危险分子”，非常调皮、淘气，经常与同学起摩擦，但学习成绩一直很优秀。说李健是天赋异禀，亦不为过。

上小学后，李健在老师的引导和鼓励下开始把精力全部放在学习上。在之后的采访中，李健说：“其实我是一个特别喜欢被鼓励的人，我得感谢曾经老师的鼓励。”

从上学开始，李健就开始当班长、学生会主席。他的身体素质棒，学习也棒，是被人羡慕的天才。但最令他引以为傲、最为别人所认可的是他的音乐天赋。

1985 年，李健刚刚上初中，一部名叫《路边吉他队》的音乐电影正式上映，并很快引起热烈反响。李健看过这部电影之后，就深深迷上了电影镜头中出现最多的一种乐器——吉他。

1988 年，港台音乐盛行，许多流行歌手靠一把吉他征服了观众，其中就包括齐秦、罗大佑、李宗盛等著名音乐人，这给李健的内心世界带来了巨大冲击，他对吉他的喜爱与日俱增，而这个时候，母亲将一件礼物送到他的手里，那是一把红棉吉他。

1993 年，李健即将高中毕业，这个时候他用自己的天赋干了一件对普通学子来说非常了不起的事，即用音乐天赋为自己赢得高考加分的机会。那一年，清华大学举办了一场冬令营，全国文艺爱好者只需符合一定条件都可参加。李健为了高考加分，也积极参加了这次冬令营。在活动期间，他用一首《说句心里话》征服了评选老师，获得了该活动全国范围内的第一名。最终，李健获得了清华大学保送名额，成为该学府电子工程系的一名学生。

大学生活美好而充实，李健有了更多的时间研究音乐，他的吉他弹得很好，因此，学校的几支乐队都邀请他担任过伴奏；他不仅是学校合唱团的一员，还经常在学校活动中登台独唱，并获得过首都大学生独唱比赛一等奖等诸多奖项。李健以大学生身份参加了中央电视台的歌曲节目，并在节目中获得了歌曲联播金奖。

李健于1998年从清华大学毕业，随后进入国家广电总局成为一名网络工程师。但是，他很快就发现这份工作并不能使他的内心得到满足，他渴望音乐，音乐才是他最终的归宿。

2000年年底，李健毅然辞去网络工程师的工作，开始追寻自己的音乐梦想。

此后，决心顺着天赋做事的李健几乎每年都有新的成绩和变化。2001年，他与校友卢庚戌成立“水木年华”组合，并成功发行专辑《一生有你》；2002年，李健凭借《一生有你》赢得多项音乐新人大奖，同时与搭档发行第二张专辑《青春正传》；2003年，李健以个人名义发行专辑《似水年华》，该专辑的作曲和编曲全部由他一人独立完成；2005年，李健发行第二张个人专辑《为你而来》；2006年，李健获得“内地最佳创作歌手奖”；2007年，李健发行第三张个人专辑《想念你》；2008年，李健发行专辑《寂寞星空·见歌》；2010年，李健举办“音乐傲骨”个人演唱会；2011年，登上“春晚”舞台献唱，并在十大城市开展音乐会巡演；2012年，登上央视跨年元旦晚会舞台，演唱歌曲《心升明月》；2013年，再次登上“春晚”舞台，与孙俪合唱歌曲《风吹麦浪》；2014年，凭借歌曲《李健拾光》获得最佳专辑制作人、内地流行音乐歌手奖等多项大奖；2015年，参加《我是歌手》，并获得总决赛亚军；2016年，成功完成北美巡演；2017年，参加央视元宵晚会，演唱歌曲《向往》；2018年，担任《中国好声音》的导师，并成功带领战队获得年度总冠军，成为冠军导师。

自李健决心用天赋做事的那一刻起，他就一直在成功的路上快速奔跑向前。当一些音乐人还在一步步“迈台阶”的时候，他就已经登上了峰顶。李健在音乐上的天赋或许不是最高的，但他坚持不懈、笔直向前，严格顺着天赋做事的信念和精神却少有人及。从李健的故事，我们可以看出，利用天赋做事能达到事半功倍的效果绝非一句空话。

为什么比你优秀的人比你更努力？

站得高，才能看得远；看得远，才能领略不一样的风景；能领略不同的风景，才能胸怀宽广，不断上进。我想这也是优秀者比普通人更努力的原因之一。如果你一直处于山脚，不愿努力攀登，那么你只会被死气沉沉的石头包围，永远也无法领略山外的风景。

胸无大志的人过一天算一天，他们没有向优秀进发的想法，更没有向优秀进发的勇气，而这种状态是与生命发展相悖的，从宏观角度来看，这种萎靡的状态甚至会影响人类的进化，甚至让人类从高级生物不断退化成低级生物，直至被自然所淘汰。

我们常常会有这样一种感觉，即优秀的人更懂得宽容，或者说优秀者都是胸怀宽广的人。但现实可能和我们想得不太一样，留心观察生活的人会发现，优秀者的宽容往往都是针对别人的，他们对待自己反而会非常严厉，甚至可以用苛刻来形容。

不难发现，一个成绩糟糕的同学更不愿意计较分数，如果这次的成绩比上次高，他可能会表现得非常高兴，但这种喜悦却很短暂；如果这次的成绩比上次低，他可能会在心底选择逃避。而一个成绩优异的同学在心底往往会更计较分数，如果这次的成绩比上次高，他可能会表现得很轻松、很镇定，会以转移注意力的方式来淡化自己的喜悦，表面上看，他对成绩表现得满不在乎，但是其内心却是极度满足的；而如果他这次的成绩比上次低，他就会表现出极度的不甘和愤怒，甚至会暗暗较劲要通过接下来的努力将自己与别人之间的差距补回来。这种心理特征向我们传达了一个重要信息，即普通人对成功和失败的态度与优秀者对成功和失败的态度存在着差异。或者说，优秀者更惧怕失败，这也是优秀者比普通人更努力的原因之一。

很多时候，我们倾向于根据“大众印象”来判断事物。我们不能否认“大众印象”在某些情况下的可靠性，但如果一味滥用“大众印象”就可能让我们丧失自主判断的能力。例如，我们在看待“富二代”时是否倾向于把他与好吃懒做、游手好闲、纨绔子弟、坐享其成等一系列贬义词等同起来呢？我想大多数人会给出肯定答案，这是因为他们习惯了根据“大众印象”来判断事物。

但真正准确和有益的判断应该是在调查和了解之后给出的自主判断。何猷君，澳门赌王何鸿燊之子，用网友的话来说，他是典型的“富二代”。在网络时代，“富二代”的含义很微妙，它既可能是人们羡慕的对象，也可能是人们调侃、贬低的对象。但我觉得“富二代”还应该有更深远的含义，比如“优秀的第二代”。

何猷君就是“优秀的第二代”，这不是说他有一个很有钱的爸爸，也不是说他是有钱人的儿子，而是说他是一代优秀企业家的优秀的儿子。这不是虚与委蛇，也不是阿谀奉承，而是事实。没人能够否认澳门赌王何鸿燊的成功，也没人能否认何猷君的优秀，除非你只是根据“大众印象”来判断事物。

何猷君有多优秀？从家世来看，他是著名港澳企业家何鸿燊的儿子，家族产业涉及博彩、房地产、建筑、船务、银行、投资等多个领域。从 1988 年开始，何氏家族曾多次向国家博物馆、故宫博物院、国家文物局等捐献珍贵文物，其中包括以 600 万美元购得的圆明园猪首铜像和以 6910 万港币购得的圆明园马首铜像。出生在这样一个富有且拥有爱国情怀的家庭，何猷君在家世方面自然是十分优秀的。

从学业方面来看，何猷君在高中时就是数学天才，曾多次在重要数学竞赛中获奖，2013 年 5 月，何猷君同时被牛津、麻省理工等国际名校录取，并最终选择就读于美国麻省理工学院。他也是 2013 年全香港唯一被麻省理工学院录取的学生。在完成本科课程后，他又考取了麻省理工学院的金融硕士。他学习天赋极高，再加上自身的不懈努力，用了 3 年时间就提前毕业，成为麻省理工最年轻的硕士。何猷君通过天赋和努力，才受到多所世界一流名校的青睐，取得了如此的成绩。

在综艺节目《最强大脑》的比赛中，何猷君曾与多名数学天才同台竞技，在第一关“数字华容道”中，他以 21 秒 76 的成绩完成了比赛，碾压了场上其他选手。其中，第二名的成绩是 25 秒 50，其他选手的成绩多分布在 30 秒到 60 秒之间。在第二关“层叠消融房间”中，何猷君用时 1 分 10 秒，大比分领先第二名和第三名，成功晋级。其中，第二名的成绩是 2 分 6 秒，第三名的成绩是 2 分 11 秒。由此可见，何猷君的优秀还在于他拥有极高的智慧。

何猷君在接受采访时曾谦虚地说：“我并不是天生的理科男、学霸，要想成为顶尖的人才都是要靠自己努力！”

何猷君之所以如此努力还在于他是一个非常自律的人。何猷君的自律是很多人难以做到的。在外人看来，何猷君既能学得好，又能玩得好，永远顶着天才的光环。实际上，何猷君在学习时十分专注，几乎断绝了一切社交。在他看来，中断学习的注意力是十分可怕的，这会极大地降低他做事的效率。何猷君认为克制欲望，抵制诱惑，保持专注可以在短时间内就能起到良好的效果，努力和效率应该并重。

事实上，努力也是要花费时间的。更努力的人不仅会高效利用时间，还会花更多的时间来做事和学习。优秀的人更自律，他们习惯了努力的状态，表现得更能吃苦。与此同时，优秀者更懂得努力的重要性，明白努力的性价比。所以同样是努力，他们的努力往往要比一般人的努力更有成效。这就是优秀者比普通人更努力的原因。

“我真的非常努力去读书，因为我想我爸爸开心。”何猷君如是说。不管是天才还是普通人，人人都有对自己来说很重要的人，如疼爱自己的父母、相濡以沫的爱人、肝胆相照的朋友等等。我们与这些人的联系是我们人生中最宝贵的东西之一。面对生命中这些重要的人，我们有着共同的心愿，即不让他们失望和担心。生活中，谁愿意让自己的父母、爱人、朋友失望呢？我们会用努力来让他们放心，让他们知道我们拥有上进的思想和光明的未来，所以，越是优秀的人往往越是会用自己的努力来回报关心和爱护他的人。这亦是优秀者不懈努力的原因。

除此之外，优秀的人比一般人更努力的原因还在于他们勇于不断挑战自己。何猷君有着许多爱好，他不仅会冲浪、潜水、滑雪等项目，而且还喜欢踢足球、打网球。丰富的兴趣能让优秀的人在尝新的过程中不断挑战自己，同时也能使他们的人生更加璀璨夺目。

优秀的人更懂得天赋与努力的协调，对他们来说，有天赋只能说明拥有一个优秀的基础，要想在这个基础上建摩天大楼，没有努力的堆砌和不断的进步是永远不可能完成的。既然拥有天赋，就不能让自己的天赋白费，需要更加勤奋、更加努力，才能让它绽放出应有的光芒。

井底之蛙只能看到头顶的一片天空，却永远无法欣赏到别处的蓝天。优秀的人有野心、有信心、有恒心，他们做事细心、专心、有耐心，选择时有决心，对待自己敢于痛下狠心。所以，努力对他们来说只是生活中的常态而已。物竞天择，适者生存。没有人甘于落后，人人都希望出人头地，而想要成功、想要实现梦想，不管优秀与否，都需要依靠努力。如果你不够优秀，那么就通过努力来让自己变得优秀；如果你已经足够优秀，你仍然需要通过努力来获得自己想要的东西。

第四章

顺着天赋做事：事事皆顺

天赋弄错了，往往要打“逆风局”

近年来，随着网络的发展，人们的生活愈加丰富。很多人喜欢刷朋友圈、刷微博、网上购物、追剧、看电影、玩游戏以及其他的一些娱乐活动，在手机和网络上花的时间越来越多。有些人利用网络发家致富，生活过得顺风顺水；有些人庸庸碌碌，得过且过，沉迷于虚拟世界，把现实生活越过越糟。同样生活在充满机会的世界，顺着天赋做事的人懂得抓住机会，成就自己的事业，实现自己的理想；逆着天赋做事的人只能随波逐流，找不到前进的方向，整天活在抱怨和痛苦之中，到头来光阴虚度，一事无成。

有时候，我们会有这样一种错觉，即感到有天赋、优秀的人一直过得很轻松，认为他们不需要努力就能成功，或者只需要付出一点儿努力，就会有令人羡慕的回报。而这种错觉又会衍生出这样的想法，即认为有天赋、优秀的人学习厉害、游戏厉害，这方面厉害，那方面厉害，我们学不过人家，也玩不过人家。总之，一直处于与别人比较，但总也比不过的状态。

这种消极心理其实源自人们内心的软弱和虚荣，换而言之，拥有足够的虚荣心，但实力不够强。而实力不够强的原因往往不在于没有天赋或不够优秀，而是源于习惯性的好吃懒做、安于现状、眼高手低、随波逐流。看见的很多，看进去的很少；想要的很多，实际行动的很少；随性而为的很多，顺着天赋做事的很少。

电竞行业是近年来发展较快的行业之一，电竞比赛甚至成功跻入亚运会，成为被国家认可的体育赛事。大大小小的电竞赛事中涌现出许多优秀的战队和天赋极高的选手，他们的操作意识、反应能力、团队合作能力等是普通玩家难以匹敌的。“电竞热”的兴起，让许多人抓住了机遇，他们有的建立战队，在艰苦的训练过后一举夺冠，赢得丰厚的奖金；有的依靠网络直播游戏成为年入千万的顶流主播，有的成为电竞赛事的金牌解说，有的靠拍摄游戏搞笑视频发家。总之，这些人依靠一个行业的兴起，各展其才，走向了成功。

但是，我们要客观地来看待这件事情，不能随波逐流，成为行业的“泡沫”或别人脚下的“炮灰”。透过现象看本质，这些人在电竞行业的成功，除了在于他们能抓住机遇外，更重要的是他们能顺着天赋做事，比如一些人能成为职业选手是因为他们可以成为游戏中顶尖的存在，在反应、意识、团队合作等方面拥有极高的天赋；一些人能成为游戏界的顶流主播，是因为他们在交际、娱乐互动、花式游戏等方面拥有天赋；一些人能成为电竞赛事的金牌主播，是因为他们拥有解说、演播等方面的天赋；一些人能靠拍摄游戏搞笑视频发家，是因为他们拥有策划、剪辑、编辑等方面的天赋。也就是说，这些人总能将自己的天赋与电竞行业的某个领域结合起来，顺着天赋来做事，这才是他们成功的真正原因。

但有些人却看不透这一点，他们自信自己在顺着天赋做事，其实是弄错了天赋，逆着天赋行事。能成为电竞职业选手的人寥寥可数，不仅要有天赋，还要有足够的努力才能在千万人中脱颖而出，而要想夺冠，则对其天赋和努力程度有更加苛刻的要求。据不完全统计，在几百万玩家中能走出一位职业选手已实属难得。所以如果你不能做到在游戏排行中处于顶尖的存在，或者具有真正被电竞专业人士认可的实力，那么妄谈成为职业选手，简直是痴人说梦。然而，现实中总有些人不能看清自己，常常弄错自己的天赋，他们自信自己的游戏操作，幻想着能成为电竞职业选手，殊不知，游戏在真正有天赋的人手中才能叫职业。他们追逐着不切实际的梦想，却被现实狠狠地戳中了脊梁骨。

我们鼓励顺着天赋做事，但不鼓励鲁莽行事和意气用事。如果你不能看清自己，也找不到自己的天赋，那么就要通过学习和努力提高自身的认知和做事能力，不要把希望寄托在你本没有的天赋上，也不要夸大自己的天赋，否则只会做无用功，白白浪费了青春。

在众多游戏中，有一款游戏的赛事几乎占据了整个电竞行业的半壁江山，这款游戏就是《英雄联盟》。玩家们对这款游戏有着高度一致的认知，即天赋弄错了，往往要打“逆风局”。每个玩家都是一位召唤师，召唤师们会控制自己选中的英雄来完成游戏，而在每局游戏开始之前，玩家们都会根据所选位置和需要的效果来为自己的英雄配置天赋，比如你想英雄的初始攻击力高一些，你就要尽量去增加攻击力方面的天赋；若你想让英雄的初始防御力高一些，你就需要尽量去增加护甲或魔法抗性方面的天赋。每局游戏中己方5人，敌方5人，双方对决。游戏有上、中、下三条主要路径，分别通向双方的水晶，推掉对方水晶的一方即获得胜利。其中，处于上路的英雄叫“上单”，处于中路的英雄叫“中单”，下路英雄有两个，分别叫“ADC”和“辅助”，还有一位负责“游走”和“刷野怪”的英雄叫“打野”。你选的天赋往往与你所选的位置有关，如果你选的英雄天赋与位置需要不相称，你往往会在对局开始就陷入劣势，并随着比赛的发展，不断拉大与敌方的经济差距、等级差距和装备差距，并最终输掉比赛。

我们不妨做这样一个类比：假设一局游戏就是一次人生，我们作为游戏中的英雄角色，可以重新活过，那么你要怎样给自己配置天赋呢？很显然，你会根据前一世的游戏经验来为自己配置天赋，也就是说你会根据所处的位置与所想实现的效果来选择天赋。我们都想在游戏中取得胜利，就像我们都想在人生中取得胜利一样，即使我们最开始弄错了天赋，也会咬牙坚持，继续奋斗，希望在“逆风”之中实现翻盘。这种斗志和心态不仅是游戏或电竞中需要的，也是每个人在现实的人生中所需要的。

如果你在一局游戏中弄错了角色的天赋，是无法为之更改的，只能硬着头皮用更进一步的努力来实现翻盘。幸运的是，在现实人生中，如果你弄错了天赋，是完全可以自我更正的。弄错天赋可能会给你带来严重的不良后果，如果你能承受住后果，并懂得自我纠正，你就能以更强大的姿态重新出发。所以天赋弄错了不可怕，可怕的是明知有错却死不悔改。我们不需要“钻牛角尖”，我们需要的是用游戏中那种不服输的精神来引导你实现人生的翻盘。

每一个拥有竞技精神的召唤师都清楚，即使是“逆风局”，即使敌我双方差距巨大，也难以阻挡渴望胜利的心。“决不投降”是我们的口号，亦应该是我们人生的口号。天赋弄错了，往往要打“逆风局”；而如果我们能在现实生活中顺着天赋做事，则能实现“顺风的人生”。

用天赋成就你一生的事业

英国散文作家托马斯·卡莱尔说："世界上最不幸的人要数那些说不清自己究竟想做什么的人。他们在这个世界上找不到适合他们干的事，简直无处容身。"

知道自己想要什么和想做什么的人是幸福的，这样的人往往有目标、有动力，可以快速朝着成功迈进；而不知道自己想要什么和想做什么的人往往是痛苦和迷茫的，他们找不到自己的天赋，没有计划和目标，永远与失败为伴。几乎没有人愿意做后一种人，因为人们更愿意投入成功的怀抱，度过一个可以自我掌控的人生。而要想掌控自己的人生，首先要找到自己的天赋。

人生在世，每个人都有自己的使命，每个人都有自己的安身立命之所。而人的天赋正是人们开启使命和安身立命之所的钥匙。

在接受教育的过程中，或许我们的天赋被人忽略了，但没有关系，我们可以通过不断地学习来提高我们对自身的认识，在时间的帮助下，寻着我们内心深处发出的声音，我们一样可以找到天赋。

天赋会在我们的成长过程中留下蛛丝马迹，如果你还没有找到你的天赋，那么你完全可以通过观察和回顾以往的生活来寻找天赋的身影。

不管是谁，都喜欢听好话，希望得到别人的赞美。但如果你做得不好，谁会赞美你呢？其实，赞美往往预示着我们的天赋在“闪光”，当你顺着天赋做事的时候，你会感到非常轻松，同时也会对所做之事表现出足够的兴趣，更愿意去完成它，而这样做事往往能把事情做得趋于完美。如果你总是能把某件事做得非常完美，总是能让别人在这件事上看到你的“闪光点”，总是因为这件事而受到别人的夸赞，那么这件事一定与你的天赋存在着联系。所以找到你做的受到夸赞最多的事，通常就能找到你的天赋。

相应地，找到令你最有成就感的事也能帮助你找到天赋。你会发现令你有成就感的事很可能就是你所受到夸赞最多的事。一方面，你做完这件事后得到别人的夸赞，你会感到满足，有成就感，甚至感到得意；另一方面，你做这件事分外轻松，几乎不需要付出太多努力就能比别人做得好，这样你就会对做这件事充满兴趣，以至乐此不疲，那么做这件事也会令你有成就感。

你最喜欢、最欣赏的人是谁呢？他身上有哪些特质是你喜欢和欣赏的呢？人有一种惯性，即越是喜欢的东西越是倾向于模仿和学习它。你喜欢和欣赏一个人，很可能是你想成为像他那样的人，或者你能从他身上看到自己的影子，如果你喜欢韩寒、郭敬明，那么你很可能是一个对文字、写作感兴趣的人；如果你喜欢孔子、孟子，那么你很可能是一个对古典文学和传统文化感兴趣的人；如果你喜欢成龙、李连杰，那么你很可能是一个对武术、运动感兴趣的人。你很可能会无意识地用这些人物形象来指导自己的生活和工作，甚至有意识地以他们为奋斗目标。而他们表现出的特质，很可能就是你的天赋所在。

只要你愿意，你总有办法找到自己的天赋，只有找到了天赋，才能用它来成就自己的事业。在这个世界上，还有什么比用天赋来成就一生的事业更幸福的事情呢？如果你一直能做你想做的事，不仅能通过做这些事来实现自己的价值，同时也能通过它们来保障自己的生活，那么这无疑是最完美的人生。

美国著名影视巨星西尔维斯特·史泰龙的人生堪称完美，因为他正是用天赋来成就自己一生的事业的。

1946 年，美国纽约市贫民区的一所慈善医院里，一名产科医生正在为一名产妇接生。由于产妇的生产过程并不顺利，整个产房的气氛十分凝重。医生和护士紧张地进行着工作，尽管他们经验丰富，但仍在紧要关头出了差错，由于医生错误地使用助产钳助产，最终导致婴儿左脸几乎残废。这个孩子，就是日后大名鼎鼎的影视巨星西尔维斯特·史泰龙。

左脸面瘫，左眼睑和左边嘴唇下垂，同时伴有口齿不清，这对任何一个人来说几乎都是灾难性的打击。但是，虽然史泰龙因为脸部伤残和口齿不清遭受到许多的嘲笑和非难，但这也相应地铸就了他坚毅和永不服输的性格。

1957 年，史泰龙父母的婚姻宣告结束。于是，11 岁的史泰龙便跟着父亲一起生活。在经历了4年的穷苦生活之后，史泰龙再次见到了自己的母亲。母亲的到来，给了史泰龙希望，也改变了他的生活轨迹。

1961年，史泰龙开始与母亲一起生活，他们搬到了费城的郊区。在母亲的安排下，史泰龙就读于一家私立天主教学校，但他的学习过程并不顺利，在接下来的几年里，史泰龙经历了十多次的转学。后来，史泰龙在十年级辍学，然后又进入了德弗鲁·马诺高中，这所特别的高中给史泰龙带来了新的希望。高中阶段，史泰龙除了学习外，把大量的时间用在了体育方面。他喜欢许多体育项目，比如踢球、掷铁饼、举重等，他的体育成绩十分优秀，并得到老师和学校的认可。高中毕业后，史泰龙优秀的体育成绩为他赢得了一笔瑞士美国大学提供的奖学金。

大学毕业后，史泰龙成为一名女子体育教练。一次偶然的机会，著名剧作家阿瑟·米勒向他发出了邀请，希望他主演自己的戏剧《推销员之死》。虽然这部剧在当时非常火爆，但史泰龙并没有因此名声大噪。不过，这次成功的演出令史泰龙发现了自己的天赋，他发现演戏比体育更能令他兴奋，于是他立志要成为一名出色的演员。

1969年，为了追求自己的梦想，史泰龙决定到迈阿密大学学习戏剧，但最终以3分之差未能如愿。在母亲的鼓励和建议下，史泰龙决定暂时用另一种方式来实现自己的理想——他准备创作剧本。刚开始创作剧本是艰难的，史泰龙不得不通过打零工来维持生活，他曾在动物园做过清洁工，在比萨店做过外卖员，在书店做过售货员，在电影院做过领座员。除了打零工和写作外，他还尝试去百老汇外围的剧院找机会，偶尔会在那里演一些临时性的小角色。1970年，为了能获得演出机会，史泰龙答应以200美元的片酬在一部电影中饰演舞男，尽管所演的角色微不足道，但这是他第一次以电影的形式演戏。此后，史泰龙又陆续饰演了许多小角色，比如在电影《香蕉》中饰演没有台词的劫匪，在《柳巷芳草》中饰演跳舞的人等。

1974年，电影《狂野少年》上映，史泰龙在影片中担任主角，这是他以主角身份真正意义上出演的第一部电影，不仅如此，整个电影剧本的创作也是由他独自完成。

1975年，史泰龙受拳击比赛录像的启发，只用了三天时间便创作出一部新剧——《洛奇》。史泰龙在这部电影中成功出演了洛奇一角，这也成为他饰演的最令人耳熟能详的角色之一。1976年，《洛奇》正式上映，累计票房突破2.25亿美元。凭借出色的表现，《洛奇》最终赢得奥斯卡最佳影片与最佳导演奖，与此同时，史泰龙也因此片获得了奥斯卡最佳男主角与最佳编剧的提名。1977年，凭借“洛奇”一角，史泰龙荣获第34届美国金球奖最佳男主角奖。《洛奇》的成功为史泰龙的演艺事业铺平了道路。

此后，史泰龙的时代正式到来，他出演了《陋巷风云》《胜利大逃亡》《第一滴血》等多部影片，凭借出色的演出获得了法国第17届荣誉凯撒奖、“千年动作明星奖”、威尼斯“电影人荣誉最高奖”以及好莱坞事业成就奖等多项大奖。如今，功成名就的史泰龙与妻子、女儿们生活在一起，生活幸福而美满。

史泰龙在一次偶然的机会中发现了自己的天赋，此后他所做的努力都是在朝着天赋的方向迈进，他创作剧本、跑龙套、自导自演电影等都是用天赋在成就自己的事业，他懂得顺着天赋做事，愿意把一切奉献给自己热爱的东西，所以他的人生没有遗憾。

无论命运多么不堪，天赋都不会辜负你

北宋宰相吕蒙正的《破窑赋》中有几句很有意思的话，首先是：“蜈蚣百足，行不及蛇；雄鸡两翼，飞不过鸦。”作者将蜈蚣“行不及蛇”，雄鸡“飞不过鸦”的原因归之于命；然后他又在另一段的开头说：“天不得时，日月无光；地不得时，草木不生；水不得时，风浪不平；人不得时，利运不通。”他把“日月无光”“草木不生”“风浪不平”以及“利运不通”等现象出现的原因归结为时运不济。在《破窑赋》的最后一段，作者以自身为例，说自己原来住在洛阳，风餐露宿，衣不蔽体，被人憎厌，还时常被人辱骂；之后，作者话锋一转，说到自己如今身居朝堂，官至极品，位列三公，成了锦衣玉食、人人宠拥、“一人之下万人之上”的宰相。最后他说“此乃时也、运也、命也”。总之，字里行间大谈命运论，把所有的成功都归结为命运使然。

你相信命运吗？生活中，确实有一些人相信命运。但我们更多的是听到类似“命运是可以改变的”“学习改变命运”“努力改变命运”这样的话，这些观点其实是在反对命运论。也就是说，大多

数人相信“命运是可以改变的”，即站在命运论的对立面，这些人是不相信所谓的命运的。

关于命运的问题，其实是一个哲学问题，认为“人的命运是确定不变的”其实是传统机械论的一种观点。作为接受科学教育的一代人，我们不应该相信命运论，而应相信科学和知识，应该把未来掌握在自己手中，所谓“人定胜天”就是这个道理。

尽管很多人不相信命运，但时常有人把“命运”挂在嘴边。不难发现，那些遇到挫折、困难就认命的人往往比较悲观，一旦落入生活的沟壑，就会跌入“谷底”，再也爬不上来。或许这些人都是极有天赋的人，但他们自己却不知道，他们只是活在命运的固定论中，把自己想象成沿着生活固定轨道行事的机器人。但也有些人从来不相信命运，也从来不会认命，他们坚信通过自己的天赋和后天的努力能够战胜一切艰难险阻，坚信只要紧盯目标、坚持不懈地奋斗下去，就一定能看到自己登上成功顶峰的一天。

如果命运只是不变的宿命和时好时坏的运气组成的奇怪东西，那么我们为什么不把它当作一个慰藉心灵的笑话，以作为我们前进时反抗压迫、战胜困难的助力呢？

我们不相信一切都是命里注定的，但我们相信人的潜力是无穷的，相信人总有自己的优点，总有一些与众不同的地方，总有一些被称作天赋的东西。不可否认，我们对一些事情确实无能为力，比如家世、样貌等等，但我们可以通过其他方面的天赋赢得想要的一切。如果你是有天赋并懂得顺着天赋做事的人，那么无论命运对你多么不堪，天赋都不会辜负你。

如果你是手脚健全的人，你是否尝试过不用手吃饭、不用脚走路呢？如果你真的强迫自己尝试过，你一定明白那是怎样一种刻骨铭心的体验。不过，世界上确实有这样不幸的人，他们刚生下来就过着没有手脚的生活，比如澳大利亚演讲家尼克·胡哲。

1982年12月4日，这一天对尼克·胡哲的父母来说是幸运的，也是不幸的。幸运的是，他们的儿子降生在这个世界；不幸的是，他们发现自己的儿子是一个没有手脚的“怪物”。

尼克·胡哲刚出生时就没有四肢，在他的左臀下面有一个带着两个脚趾头的畸形小脚。当父亲走入病房看到儿子的样子时，他简直不敢相信自己的眼睛，内心像是遭到了重击一般。接下来，他忍不住本能反应，慌不择路地跑到产房的门外，不断地呕吐起来。母亲看到儿子这个样子时，强忍着泪水，她实在无法接受这一残酷的事实。当护士想把孩子递给她时，她本能地后撤，实在没有勇气抱起眼前的孩子。直到4个月后，母亲才敢将他抱起。尽管这位可怜的母亲并没有做错什么，但她在儿子出生后就一直自责，没有哪个母亲希望孩子如此。这对夫妇反复向医生咨询，他们想弄明白怎么回事，但没有哪个医生能够给出一个合理的解释。最后，他们只能接受这个事实，把儿子身上的不幸看作是命运的安排。

有一次，家中的宠物狗向尼克走去。宠物狗在见到尼克的小脚后，忍不住流下了口水，那只小狗似乎把尼克的小脚当成了鸡腿，想要扑上去吃掉它。妹妹见状，赶紧制止了小狗的危险行为。不过，从此以后，尼克就多了一个外号，妹妹将他的小脚戏称为“小鸡腿”。

尼克的父母没有放弃自己的儿子，他们倾尽全力去培养尼克。在尼克一岁半时，父亲将他放到水里，希望他能有勇气学习游泳。尼克 6 岁时，父亲开始教他用两个脚趾头在键盘上打字。到了入学的年纪，父母坚持将尼克送到附近的一所普通小学就读。每天，尼克驾驶着电动轮椅去上学。母亲为了能让儿子拿起笔来写字，苦心为他发明了一种特殊的塑料装置。

尽管尼克受到了很好的照顾，但他的内心十分敏感，他能看到一些同学对自己投来异样的目光，有时候还会受到别人的嘲笑和欺凌。

尼克的自我封闭让他不愿意去交朋友，只喜欢一个人待着，就这样，他越来越消沉，这令他非常痛苦。8 岁时，他冲母亲大喊：“我真想去死。”10 岁时，尼克的消极情绪达到了顶峰，一天，他躺在浴缸里，试图把自己溺死，但最终未能成功。

父母见到尼克这副样子，非常担心，他们不断地鼓励尼克，希望他坚强起来，并学会战胜困难。在父母的鼓励下，尼克逐渐走出了阴霾，他开始尝试与人交流，并逐渐交到了朋友。

尼克 13 岁时已经能够随意地阅读报纸上的文章。他最爱看报纸上刊登的新闻。有一次，他看到了一篇关于残疾人的报道。文章介绍了一名残疾人通过自身的不懈努力，最终完成了一系列伟大目标的故事。尼克看到这名残疾人的自强不息，受到非常大的触动，他决定将鼓励和帮助他人作为自己的人生目标，“上帝在我生命中有个计划，通过我的故事给予他人希望”。

17 岁时，尼克找到了自己的天赋，他发现可以用自己的故事来激励他人，于是便尝试着做演讲。

2003 年，尼克大学毕业，顺利取得了会计与财务规划双学士学位。2005 年，尼克录制出版了自己的第一张励志 DVD《生命更大的目标》；2009 年，尼克的第二张励志 DVD《神采飞扬》正式发行；2010 年，尼克的自传式励志书籍《人生不设限》出版。

尼克通过演讲、出版励志 DVD 和励志书籍等方式向人们介绍了自己如何战胜命运、如何实现自我救赎、如何使内心更为强大的经历，这震惊了许多人，同时也唤醒了他们藏于内心的斗志和激情。凡是听过尼克演讲的人都有一种脱胎换骨的感觉，尼克的名字越来越受到人们关注，许多企业和组织开始邀请他去演讲。很快，他的名声享誉国际，他开始到世界各地演讲。他到过中国、日本、韩国、越南、菲律宾、马来西亚、柬埔寨等 20 多个国家做演讲。为了帮助那些与他有类似经历的人，尼克还担任了一个名为“没有四肢的生命”的公益组织的总裁和首席执行官。

尼克不仅收获了学业、事业等方面的成功，同时也收获了属于自己的甜蜜爱情。2012 年 2 月 12 日，尼克与日本女友宫原佳苗结为夫妻；2013 年 2 月 14 日情人节，尼克成为一名父亲，爱人诞下了他们的爱情结晶，那是一个身体健康、四肢健全的男宝宝。

尼克虽然天生没有双手和双腿，但这并不代表他没有其他天赋，他用自己的演讲消除了人们心中的消极，给人以鼓舞和力量；他用励志的文字和视频传播爱的能量，为那些迷茫的人送去温暖；他亲手建立起慈善组织，为与他有类似经历的人送去福音。他出色地完成了自己的学业，成功地开启了自己的事业，完美地组建了幸福的家庭，他比大多数四肢健全的人要优秀得多。或许我们不能选择自己的出生，但可以通过努力改变人生，“如果你发现自己不能创造奇迹，那就努力让自己变成一个奇迹”。

在尼克眼里，他并不觉得自己是成功的，但他通过演讲的天赋，将自己的经历讲述给别人，使他们能振作精神，重新审视自己的价值，是他引以为傲、由衷喜爱去做的事情。尼克的“残缺”命运是悲惨的，但他的天赋没有辜负他，而是让他获得了令人羡慕的成功。尼克的故事告诉我们：无论命运多么不堪，天赋都不会辜负你。只要你坚持使用你的天赋，愿意用你的天赋去奋斗、去与先天不公的命运做斗争，你就可能收获幸福的人生和令人羡慕的成功。

第五章

各人各性：五花八门的性格“脸谱”

个性不等于任性

在这个世界上，能够决定我们人生的因素有很多，但并不是每种因素都像天赋和性格那样，能从根本上对我们的人生轨迹产生影响。所以，相比于其他因素，我们应该更多地关注天赋和性格方面的知识，科学地利用它们的特性来帮助我们走向人生的巅峰。

人人都有自己的性格，在强调个人或自我的时候，我们更喜欢用“个性”来替换“性格”。以个性来描述一个人的性格，似乎更能彰显他的与众不同和独一无二。但无论我们用什么词来代替性格这个词语，其本质都是不变的。

个性也称“人格”。我们有时候会说一个人“有个性”，也可能说一个人具有“人格魅力”，这些其实都是在描述他在性格方面的优势。在人与人交往的时候，相互了解是必须的，也是一个自然而然的过程。特别是在男女情感方面，这个过程会表现得更为重要。人通过自己的外貌长相来给别人以直观的印象，但这种印象只能叫认识，还谈不上了解。要想让别人了解你，还需要你在与之相处的过程中展现你的个性。外在的面貌叫外貌，内在的面貌叫个性。所以，我们也可以把个性看作是一个人的精神面貌或心理面貌。

一个人的个性体现在许多方面，比如思想、情绪、认知、行为、态度、信念、价值观等等。你如何审视自己？如何审视周围的环境？如何做人做事？这些都是由你的个性决定的。个性具有相对稳定性，不过，由于它有天生的部分，也有后天养成的部分，所以它是可以不断进化和改变的。

需要强调的是，个性不等于非主流。有些人为了体现自己的个性，或者体现自己的魅力，在外貌和心理层面过分展示或突出与别人的不一致，比如做极为夸张的发型、穿奇装异服、表达一些奇葩的言论等。我们把这类人或这类行为称为“非主流”。

个性亦不等于任性。我们可以容忍一个人的“非主流”，但很难容忍一个人的任性。因为“非主流”通常不会给别人带来多少伤害，而任性却可能毁掉一个人。

有这样一个故事值得我们深思：

2015年，一个星期三的傍晚，陕西省西安市未央区的街道灯火通明。在一家金店内，店员们一边清点着玻璃柜里的金饰，一边聊着天。这时，一个戴着帽子和口罩的人突然闯了进来。见有客人进来，女店员们纷纷停下了手上的动作，准备招呼客人。

但是，她们在看到客人的装扮时立刻吓了一跳。因为进店的这位客人不仅穿戴奇怪，而且手上竟拿着一把锋利的斧子。有名店员见“客人”手上拿着斧子，以为他只是进店还东西的工人。但下一刻，她才意识到问题的严重性。那人走到店员近前的柜台，说了一句“别动”，然后狠狠挥动斧子就向玻璃柜砸去，三五下便将玻璃柜打破，并迅速从里面抓了十几条金项链冲出门去，整个过程仅仅用了十几秒的时间。店员们在一片慌乱之后，立刻选择报警求助。

不久，警方赶到金店，开始调查这起恶性抢劫案件。在店员清点过后，警员们很快获悉了金店的损失——嫌疑人一共抢走了18条金项链。警员们先是调取了金店内外的监控录像，发现嫌疑人全程戴着帽子和口罩，根本看不清他的相貌，如何确定嫌疑人的身份呢？经过调查，警员们从店员那里获得一条信息——嫌疑人是陕西口音，所以警方怀疑嫌疑人很可能是本地人。

于是，警员们先是朝着“身边人”的方向调查，以排除“熟人作案”的可能。调查之后发现，这家金店原来是有保安的，但在整个监控录像内，保安并没有出现。据店员介绍，保安在案情发生的前一天下午就已经请假。为了弄清这是否是巧合，警方做了进一步了解，结果发现金店与保安之间还存在工资纠纷，这就使保安的嫌疑更大了。

警方马上开始调查保安，不过他们发现保安与监控中嫌疑人的体型具有较大差异。所以，保安的嫌疑暂时被排除了。

警方继续研究监控录像，并发现了一个重要线索——在案发三十分钟之前，嫌疑人已经在金店门口徘徊。据此线索，警方给出了分析：嫌疑人在店外徘徊近半个小时，说明他内心处于犹豫和纠结的状态，这表明嫌疑人是一个“新手”。接着，警方又对嫌疑人的作案动机进行了可能性分析，比如嫌疑人之所以作案可能是因为他急需用钱，如赌博后一时冲动等。

在一番调查后，警方从附近的一家金饰加工店老板口中获得了一条线索。据这位老板介绍，在案发的第三天，有一个姓黄的年轻人曾到他的店铺加工过一条金项链。由于金店内的金饰成品都做了“暗记”，行业内的人一看就能辨别出饰品的出处，而那条金项链正是案中金店的饰品。依据这条重要线索，警方在经过分析后判定黄某具有重大嫌疑。

之后，警方迅速将黄某抓捕，并对其进行询问调查。警方发现嫌疑人是福建人，使用的是闽南语。这与金店几名营业员反映的陕西口音差别较大。另外，嫌疑人几乎没有作案动机。黄某的家境殷实，父母和岳父母都做生意，其岳父做的是石材生意，身家已有上千万，黄某在陕西就是为了帮岳父照看生意，而其岳父也打算将来把生意托付于他，所以黄某并不缺钱。而且，他不仅有美貌的妻子，还有一对可爱的儿女，不可能铤而走险。

虽然黄某不具有一般条件下的作案动机，但警方并没有放松警惕。接着，警方又对黄某做了进一步的调查，结果发现黄某在石材厂放置的摩托车与嫌疑人作案时使用的摩托车十分相似。不久，警方又将黄某与录像中的嫌疑人进行了身材方面的比对，发现两者的身材几乎一致。种种证据汇聚在一起，证明黄某正是抢劫金店的凶手。而在警方的一番询问后，黄某也承认自己的确抢劫了金店。

黄某家庭幸福、衣食无忧，他为何还要去抢劫金店呢？黄某的解释是：“我回答不出来真实的目的。”一个人在抢劫之后竟然回答不出抢劫的原因，这何其荒唐！在警方的耐心询问之后，真相终于浮出了水面。

原来黄某是因为任性，才最终酿成大错。黄某过惯了衣食无忧的生活，平日里想干什么就干什么，几乎没有人会管束他，因此他也养成了任性的性格。一个任性的人在缺少外界束缚时，往往会做出出格的事情。黄某借着妻子和岳父母不在家的机会“放飞了自我”，想要寻找一些刺激的事情做，最终他选择通过抢劫来满足自己的任性。

事实上，黄某从小就是一个自尊心很强的人，他不喜欢向父母伸手要钱，而且时常幻想着要靠自己的能力做一番大事业。但他只喜欢幻想，很少付出实际行动。他是一个任性妄为、好吃懒做、不能坚持做事的人，尤其是在性格上，表现得非常不成熟。

任性的人往往要吃大亏。黄某的任性不仅让他自己尝到了苦果，同时也对他的家庭造成了巨大的伤害。对此，我们也要引以为戒。

消灭“主性格”中的缺陷

各人各性，千人千面。每个人都有自己的性格，每个人在性格上多多少少都会与别人有些差异，世界上不存在拥有完全相同性格的人。所以性格就像人的一种“隐形身份证”，如果有人拥有完美的察言观色的功力，就能通过性格来识别人的身份。这一点在许多影视作品中都有所呈现，比如在《西游记》中，孙悟空拥有“七十二变”，但无论他如何变化都会被二郎神额头上的“天眼”识破；比如唐僧在取经途中会遇到许多善于变化的妖怪，但无论这些妖怪如何变化，都逃不出孙悟空的火眼金睛；再比如国漫《秦时明月》中朱家的一位修炼者可以使用一种名为“千人千面”的神奇招数，施招者可以幻化出上千种不同面孔的个体，而这种招数的克星是一种名为“察言观色”的武功。

我们常常会用“七十二变”来形容一个人的多变、善变，或者拥有不同的风格和不同层次的性格等等。在我看来，这其实是在表达这样的事实，即人是多面的。尽管人的性格具有相对稳定性，但这并不是说人的性格是不能改变的。随着环境的变化、阅历的增加、知识和经验的积累，人的性格可能在潜移默化地发生变化。这些变化可能非常微小，以至于我们在日常工作和学习中难以察觉到它的存在，但量变引起质变，在未来的某一天，它也许能彻底遮盖你原来的性格，使你呈现出另一副模样。

对于这种变化，我们要予以重视和引导，如果你原来的性格被别人视为“不好的”，你完全可以通过引导这种变化使你的性格向好的层面发展，从而打造自己的“好性格”。相反，如果你原来的性格是好的，也要重视这种变化，避免它使你的性格向不好的方向发展。

人是多面的，所以人的性格也应该是多样的。一个人并不只有一种性格，这就像人不止拥有一个标签一样。但无论人的性格如何多样，其中一定有一些是容易被人捕捉的。人一眼能被别人看出来的性格，我称其为“主性格”。我们可以轻易说出《西游记》中角色的性格，比如唐僧的慈悲为怀、不畏艰苦，孙悟空的英勇善战、智勇双全，猪八戒的表里不一、好吃懒做，沙僧的忠厚老实、吃苦耐劳。每一种主性格都代表着一个身份或一种角色。在人与人的交往中，人们会根据主性格来判别一个人的“好坏”，继而决定是否与其深入交往。所以主性格是每个人的“门面”，它能决定你在别人心中的形象和地位。因此，塑造好人的主性格是非常重要的，它往往能使人在事业发展的初期就建立起优势。

与此同时，主性格中的缺陷也是需要我们注意的。因为这些缺陷会在某些情况中被放大，它可能会在人的生活中留下极大的隐患，这种隐患一旦爆发，就可能给人的学习、生活、工作，乃至整个人生带来沉重的打击。

三国名将张飞，可谓人尽皆知的大英雄。张飞与刘备、关羽桃园三结义的故事是脍炙人口的佳话。在结拜过程中，张飞发下重誓，要与两位哥哥“不求同年同月同日生，但求同年同月同日死”，这种重情重义的性格着实令人感动。张飞在认了刘备做大哥之后，便对他忠心耿耿，在作战时甘为先锋，这是贪生怕死之辈远不能及的。在“三英战吕布”时，张飞能与“神将”吕布大战一百多回合而不落败，这足见他的骁勇善战。在长坂坡一战中，张飞一声怒喝便吓死了夏侯杰，吓退了曹操的几十万大军，他的英勇无畏是被人津津乐道的。另外，张飞也十分聪明，比如他在攻打益州时巧用妙计活捉了严颜，成就了义释严颜的佳话。

张飞的优秀被许多大人物所认可，比如素有“水镜先生”之称的司马徽，说他与关羽、赵云一样都是“万人敌”。

张飞重情重义、忠义两全、英勇无畏、骁勇善战、粗中有细，是受人敬重的三国英雄，但是他在性格上却有着致命的缺陷——他特别容易发怒，是个极为暴躁的人。张飞因为性格暴躁犯下过不少严重的错误。

首先是因为性格暴躁痛失徐州。

曹操为了报杀父之仇携大军讨伐陶谦，曹军每到一处便杀戮屠城，百姓怨声载道。陶谦知道曹操兵多将广，自己不是对手，便向刘备求救。刘备在守卫郯城的战争中表现出色，并成功解救了陶谦。

不久，陶谦病重，为了保护徐州百姓，他将徐州送给了刘备。

后来，吕布被曹操打败，逃到徐州，准备暂时投靠刘备。刘备迎接了吕布，将他收留于徐州旁边的小沛。但是，张飞认为吕布是见利忘义的“墙头草”，不仅不愿收留吕布，还想杀掉他。而刘备为了顾全大局阻止了暴脾气的张飞。之后，刘备和关羽带兵攻打袁术，留张飞驻守徐州。

一天，张飞喝完酒后大发脾气，将吕布的岳父曹豹狠狠鞭打了一顿。曹豹不甘其辱、怀恨在心，于是就与吕布里应外合占领了徐州。刘备没了根据地，只能携军逃窜，途中还与两个老婆走散了。

张飞知道因为自己的暴脾气误了大事，还弄丢了两个嫂嫂，就向刘备负荆请罪。结果，刘备却说：“兄弟如手足，妻子如衣服。衣服破，尚可缝；手足断，安可续？”

张飞因为脾气暴躁犯下了大错，但这次错误并没有让他学到教训。后来，他又因这一性格缺陷犯下了一生中不可饶恕的错误，而这个错误直接让他丢了性命。

关羽大意失荆州后败走麦城，结果被孙权一方杀害。刘备怒不可遏，发誓与孙权势不两立，并执意起兵攻打东吴。这时候，军师诸葛亮和大将赵云纷纷劝谏，希望刘备顾全大局。但是刘备执意不听，仍要发兵攻吴。

此时，张飞驻守在阆中，他极力赞成发兵攻吴，为兄长关羽报仇。但是在准备出发之前，张飞却因自己的暴脾气出了意外。

早在丢了徐州之后，刘备就提醒过张飞，要好好对待士卒，否则将会闯下大祸，不过张飞并没有将这些话听进去。在得到关羽的死讯后，张飞悲愤交加，时常痛哭流涕。为了自我麻醉，他又开始酗酒，并经常对士卒施暴。酗酒后的张飞一旦脾气上来就会鞭打士卒，且失手打死者不在少数，许多士兵、部将都对他非常畏惧。起兵伐吴时，张飞下令要在三天之内筹备好十万白旗白甲，三军挂孝伐吴。但是，就当时的生产能力来说，这个任务显然是不可能完成的。于是，部将范疆、张达就向张飞请求宽限时日。张飞报仇心切，根本听不进去部下的提议，反而大发雷霆，说两人违抗军令，要重重惩罚，以儆效尤。于是，张飞就命人将范疆、张达两人绑在树上，各抽了五十鞭子。范疆、张达被打得口吐鲜血，不住求饶，却仍然得不到宽恕。责罚完毕，张飞又咬牙切齿地向两人发令：“你二人明天务必要将十万白旗白甲全部备完，若有违抗，定杀尔等示众。”

范疆、张达一脸苦相，心想：我们都伤成这样了，哪还有能力筹备什么白旗白甲呀，既然你想让我们死，不如我们杀了你。于是，两人怀着“不是你死就是我亡”的心情，决定在夜里趁着张飞醉酒昏睡之时，将他杀死。到了晚上，两人忍着伤痛，携着匕首悄悄潜入了张飞的房间。他们正准备行刺时，竟见张飞向他们怒目而视，立刻吓了一跳，却不见张飞有所反应。原来，张飞竟是睁着眼睛睡觉的。两人听到张飞的鼾声，便放下心来，立刻用手上的武器解决了张飞。不仅如此，他们还把张飞的头颅割了下来，逃往东吴邀功请降。

张飞的暴躁性格不仅让他付出了惨重的代价，也为我们敲响了警钟。性格暴躁的人常常大发雷霆、怒火中烧，这很容易引发灾祸，比如可能损害自己的健康，可能做出违法犯罪的行为，可能在与人发生矛盾之后招致杀身之祸，可能因一时冲动失去工作，可能让爱人失望而与之分道扬镳，可能令亲人失望而成为孤家寡人，可能令朋友寒心而失去友谊等等。人无完人，每个人的性格中难免都会有缺陷存在，如果放任这些性格缺陷不管，就可能让自己的人生陷入痛苦和懊悔之中。所以，消除性格中的缺陷应是每个人都应该做的事。

性格的力量

性格既可以成就一个人，也可能毁掉一个人。为什么这样说呢？因为性格决定态度，态度决定结果，结果决定人生。在处理一件事情时，人们所采取的态度与他们的性格紧密相关。例如，有公司召开股东大会商讨一项重要的投资，激进性格的人往往主张投资，保守性格的人通常主张不投资；在做人方面，耿直性格的员工常常会当面向上级提意见，在他看来，这是实事求是，是对公司和上级的负责和忠心；而委婉性格的人喜欢“拐弯抹角”地把意见传达给上级，在他看来，这是对别人的尊重和礼貌。人的性格首先反映在做人做事的态度上，或许你还没有来得及进行选择和采取行动，但对人对事的态度已经呈现于你的心中，这就是我们所说的性格决定态度。

再来看态度决定结果。一项重要的投资如果能成功，这对公司未来的发展具有极大的助益。成功的投资能为公司带来可观的经济报酬，而经济报酬又能通过分红机制反馈给股东和员工。股东有钱赚，则会增持股票；员工涨工资，则更愿意努力工作。这对公司、股东和员工是三全其美的事情。激进性格的人对投资采取赞同态度，一旦投资成功，他们就能获得一个好的结果。而保守性格的人对投资采取不赞同态度，对他们来说，最好的结果是不让公司因投资失败而遭受损失。所以，从最初的态度上就预示了结果的走向——激进的人普遍相信投资能成功，而保守的人大多相信投资会失败，这也是他们做出选择的根本原因。从经济学的角度来看，激进的人往往能成为最终的赢家。这正印证了“穷人越穷，富人越富”的道理，穷人的性格较为保守，不喜欢冒险，喜欢把资金存到银行，只为追求那少得可怜的利息。而富人喜欢拿钱来投资，他们懂得钱生钱的道理，拥有冒险精神。激进不等于冒进，它的意思是急于变革和进取，它追求的是变化，而变化才能出奇迹。相反，保守的人追求的是不变，而不变看似沉稳，却难有作为。

性格耿直的人喜欢直言不讳，他们想说什么就说什么，不喜欢拐弯抹角。我们不否认这种性格态度在某些时候确实可以给我们带来一定帮助。但是，从概率学上来看，顺着这种性格态度做人做事往往会给我们的人生带来极大的阻碍。不可否认，人是一种感性动物，我们总喜欢听“好话”，即使我们懂得“忠言逆耳”的道理。而“好话”不一定是赞美之类的语言，也包括委婉的语言。人类的大量经验告诉我们，如果你想向别人提意见，最好还是委婉一些，这样才更容易达到目的。

性格既可以毁了一个人，也可能成就一个人，它决定着你的态度、结果乃至整个人生。著名企业家褚时健的人生正是由他的性格所左右的。

1928 年 1 月 23 日，云南省玉溪市华宁县的一个农民家庭降生了一个孩子，父母为其取名褚时健。当时，褚时健的家境还算不错，这使得他可以和同龄人一起去上学。褚时健的家离滇越铁路很近，他时常与小伙伴们一起去铁路旁看火车，当法国造的米其林火车从他们身边呼啸而过时，他们就会兴奋地又叫又跳。从米其林火车身上，出生在落后农村的褚时健明白了什么是先进和品质。

1942 年，褚时健 15 岁。战争波及了褚时健所在的村庄——日本人开着轰炸机对滇越铁路进行了突然袭击，在这个过程中，褚时健的父亲褚开运不幸被炸成重伤，不久后不幸离世。褚时健是家中长子，父亲去世后，家中的重担便落在他一人身上。

为了减轻家庭负担，褚时健辍学回家，接手了家里的酒坊，干起了酒水生意。父亲走后，酒坊的生意大不如前，褚时健发誓一定要把酒坊经营好。褚时健做事时懂得仔细观察和开动脑筋，他通过仔细观察发现了烤酒的“秘密”。褚时健每次烤酒都会计算着时间，渐渐地，他发现了烤酒时添柴的周期——每隔两个小时左右就要续添新柴。烤酒既是技术活，也是体力活。白天时间不够用，褚时健经常需要在晚上蒸苞谷。凭借观察获得的添柴经验，褚时健养成了每隔两个小时醒来蒸苞谷的习惯。褚时健从没有将苞谷蒸糊过，这是一般人难以做到的。更难得的是，褚时健通过控制温度只用两斤半苞谷就能产出一斤酒，而别人需要用三斤苞谷才能产一斤酒。褚时健每次酿酒不仅产得多，质量也比别人的好，他的酒很好卖，生意自然很红火。

1949 年，褚时健加入了云南武装边纵游击队，并当上了指导员。解放后，他被整编到了政府工作。

1963 年，褚时健被任命为新平县漠沙镇曼蚌糖厂厂长，正式开始经营企业。

当上厂长后，褚时健没有坐在办公室里看文件，而是直接去一线蹲守了一个多月。他对整个糖厂进行了全面地了解，发现并解决了许多实际问题。例如，褚时健看到熬糖的铁锅底有许多黑色的尘垢，于是就带着工人一起清理了锅底，大大降低了燃料消耗。随后，他注意到厂房外堆积了许多甘蔗渣，觉得非常浪费，于是他又带着工人把这些甘蔗渣蒸干，然后用作燃料。在褚时健的出色领导下，糖厂不仅提高了出糖率，还节省了燃料费，整个企业开始走上盈利的道路。褚时健在糖厂十几年如一日，兢兢业业，无怨无悔，他的故事在当地广为流传，人们还给他起了一个亲切的绰号——“糖王”。而这只是他一生中的第一个“王号”。

褚时健的另一个“王号”是“烟王”。1979 年，褚时健担任玉溪卷烟厂厂长。初到卷烟厂时，褚时健遇到了比在糖厂时更棘手的问题。首先是烟厂里的员工工作不够积极，普遍较为懒散，遇到问题也不够团结；其次是烟厂的原料浪费严重，设备老化，生产效率低下，质量不过关。这些也是烟厂连年亏损的主要原因。为了改变这种状态，褚时健初到烟厂就致力于生产改革。他竭力改善职工生活，让员工们有归属感，同时建立奖惩制度，激发员工的责任感和工作热情。褚时健还经常在开会时为员工灌输“企业就是要挣钱”的理念，这让员工们有了明确的奋斗目标。在工厂建设方面，褚时健贷款购买了国外的先进设备，并引进了标准化的生产线，同时还借钱给烟农推动高品质烟叶的生产。在这一系列强有力的措施下，玉溪卷烟厂开始向着盈利的方向迈进。

1988 年，60 岁的褚时健建立的红塔山香烟成为企业的第一品牌。此后，红塔山香烟的销量连年上升，占据全国香烟一半以上的市场份额。1989 年，玉溪卷烟厂的香烟产量突破 100 万箱，利润超过 20 亿，成为中国烟草行业的龙头企业。褚时健用 17 年的时间打造了一个商业神话，玉溪卷烟厂从一个入不敷出的小企业一跃成为亚洲第一、世界第五的现代化大型烟草企业。

然而，到了 1995 年，褚时健的人生发生了重大转折。褚时健亲手打造了一个百亿企业，让许许多多的人过上了好日子。但他的心态渐渐失衡，性格上的弱点也暴露了出来。他开始对所获得的一切感到不满，现实的收入已经无法填满他内心的空白。

人是贪婪的动物，但大多数人都能控制自己的贪婪，然而，也有些人选择放任性格中的这一缺陷，顺着贪婪做人做事。1995 年，褚时健因为一时的贪婪陷入另外一种人生。

1995年到1996年间，褚时健及其多位家人先后入狱。褚时健的女儿在狱中自杀，这给了褚时健极大的打击。1998年12月，褚时健被法院判处无期徒刑。从宣判的那一刻起，褚时健的一生似乎已经落下帷幕，但谁也想不到的是，这只是他开启另一段辉煌人生的历练。

2001年，褚时健因在监狱中表现良好，被减刑至有期徒刑17年，随后，他又因患有严重的糖尿病被保外就医。2002年，褚时健已经74岁高龄，但在此之前的一次经历，让他对冰糖橙情有独钟，于是他便筹措了家中的积蓄，开始再次创业。

褚时健已经年过七旬，且身体状况很不理想，在经历了牢狱之灾后再次选择创业，这在外人看来无异于痴人说梦。当他做出这个决定时，几乎没有家人支持他，但他毅然决然地"撸起袖子"干了起来。

2003年，他在哀牢山承包了2400亩山地，种起了橙子。种橙子不仅需要财力、物力投入，还需要五六年的时间投入和体力投入，而褚时健最缺的是后两样。在种下橙苗的那一刻，褚时健的心思便全花费在了自己的几千亩土地上。他曾不顾身体状况，打着吊瓶去山上看果苗。一旦遇到问题，他就会废寝忘食地翻阅果树种植的书籍，通过自学，他成了种橙专家，一些农业技术人员回答不上来的问题，他都能予以解决。

褚时健种的橙子皮薄肉厚，味道甘甜醇厚，十分受市场青睐。他的橙子总能比别人的橙子以更高的价格出售，而且经常脱销。与此同时，褚时健还建立了自己的品牌，他的橙子被命名为"褚橙"。由于"褚橙"味道极好，再加上褚时健的传奇经历，一时之间，"褚橙"和褚时健的名字风靡大街小巷，成为人们茶余饭后的谈资。"褚橙"因为褚时健的传奇人生经历被赋予了更多意义。人们把"褚橙"

看作是“励志橙”。

2014年，“褚橙”的年利润超过7000万元，不久，褚时健凭借卖橙成为亿万富翁。同年，褚时健被美国《财富》杂志评选为“中国最具影响力的50位商界领袖”之一，同时荣获由人民网主办的第九届人民企业社会责任奖特别致敬人物奖。

身陷囹圄、重病缠身和年龄限制都没有让褚时健屈服于命运，他的那种不服输的性子，让他在逆境中实现了翻盘。他曾因性格上的贪婪从巅峰跌入谷底，又因不服输的性格从谷底重回巅峰。性格的力量，恐怖如斯。

第六章

塑造性格：如何打造人见人爱的性格？

性格是可以改变的

随着生存压力和社会竞争的不断加剧，人们越来越注重自我塑造。每个人都希望自己能变得优秀和完美，“望子成龙”“望女成凤”是父母对孩子的殷切期盼，我们不仅希望自己变得更好，还希望自己的亲人、朋友变得更好。而一个人的优秀与否很大程度上与他的性格有关。

如果一个人拖沓、暴躁、易怒、冲动、吝啬，那么你很难将他与优秀联系起来，更不可能说他一句“好”。如果一个人活泼、热情、开朗、豁达、勇敢，那么你会很容易把他视作优秀，甚至对其产生羡慕、钦佩之情。为了变得优秀，我们希望拥有优良的性格，但是人无完人，每个人的性格中多多少少都会存在着缺陷。如果你极力追求完美，对自己有着较高的要求，那么这些性格缺陷就会成为阻碍你进步的路障，你会因为它们的存在而陷入苦恼、困惑之中。

为了追求心中那个完美的“我”，一些人不仅愿意付出努力，甚至不惜付出高昂的代价，他们在改变自己的道路上屡战屡败、耗尽心力，却始终不得解脱之法。在频繁的失败过后，他们开始自我怀疑，开始对生活失去信心，开始对信仰产生动摇。他们很想知道，人的性格究竟能不能改变，因为这关系着他们要不要继续努力以及努力的方向的问题。

人的性格是可以改变的吗？这是一个具有现实价值的问题。它对人们的自我塑造具有指导意义。要弄清楚这个问题，就需要了解性格现象的发生、发展和活动规律。

从心理学角度来看，所谓性格其实就是人的典型性的行为方式。人的成长过程，也是人性格塑造的过程。当一个人趋于成熟时，他的各种行为就会隐含着一定的模式，或者说某种典型的方式，这种模式或方式会在生活中频繁出现，只有在遇到特殊情形时才会偶然而短暂地丧失。

举例来说，一个活泼开朗的人大多数情况下都会表现得生气勃勃、充满力量，他们不管在聚会中、工作中还是在一个人独处的时候都会保持着爱动、爱说、爱笑的状态。这样的状态虽然是活泼开朗者的生活常态，但也有例外的情况，比如当失恋、失去亲人、遇到解决不了的困难时，他们也会变得沉默寡言。不过，这只是他们的偶然状态，我们不能以这种偶然状态来判定他的性格。

综合来说，影响性格的主要因素有两个：一是环境，二是教育。

首先来说环境对性格的影响。

看过《红楼梦》的人一定对“呆霸王”这个角色不陌生。“呆霸王”来自《红楼梦》中四大家族之一——薛家。“呆霸王”的本名叫薛蟠，是薛宝钗的哥哥，薛姨妈的儿子。薛蟠幼年丧父，又是独子，薛姨妈对这个儿子十分纵容溺爱，再加上薛家是皇商，家财万贯，素有“珍珠如土金如铁”之称，所以薛蟠从小娇生惯养，充满纨绔之气。

薛蟠平日里斗鸡走马，游山玩水、宿柳眠花，逐渐养成了不思进取、巧取豪夺、任性妄为的性格。而这与他的生长环境具有非常大的关系。《红楼梦》中写道：“薛蟠起初之心，原不欲在贾宅居住者，但恐姨父管约拘禁，料必不自在的，无奈母亲执意在此，且宅中又十分殷勤苦留，只得暂且住下，一面使人打扫出自己的房屋，再移居过去的。谁知自从在此住了不上一月的光景，贾宅族中凡有的子侄，俱已认熟了一半，凡是那些纨绔气习者，莫不喜与他来往，今日会酒，明日观花，甚至聚赌嫖娼，渐渐无所不至，引诱的薛蟠比当日更坏了十倍。”

薛蟠原本不愿意随母亲和妹妹一起住进姨父贾政的家中，因为他害怕被贾政管束，同时他听说贾府世代书香，料想族中兄弟应该都是只会“之乎者也”的正人君子，住进去定然不自在。但是，令薛蟠没有想到的是，贾府的兄弟竟然比自己更纨绔，他们终日饮酒观花、聚赌嫖娼，比自己有过之而无不及。在这样的环境中，薛蟠竟然被引诱的比原先更坏了十倍。

薛蟠号称“呆霸王”，从这个绰号就可以洞悉其性格特点。说他“呆”，是因为他是一个不学无术、头脑简单的人。说他是“霸王”，是因为他是一个欺男霸女、任性妄为、无法无天的人。

为什么人们要称薛蟠为“呆霸王”呢？这与《红楼梦》中的第一桩杀人案有关。事情的来龙去脉是这样的：冯家一位叫冯渊的少爷从人贩子手里买了一个叫英莲的丫鬟，但是他并不知道所买女子是人贩子拐来的，于是就提前付了钱。之所以会提前付钱，是因为冯渊非常喜欢这个丫鬟，打算择日将她明媒正娶回去。但是，人贩子为了谋求更多的利益，竟然又悄悄将英莲卖给了薛蟠。薛蟠并不知道其中缘由，买这个女子时是一手交钱、一手交货，毫不拖泥带水。冯渊知道这个消息后，寻不到人贩子，于是就找到了英莲的买主薛蟠，准备从其手中夺人。薛蟠心想，从来都是我夺别人的，没人敢从我手中夺人。我真金白银买来的人，谁敢向我要人，莫不是吃了熊心豹子胆？薛蟠火冒三丈，带了一干家丁就与冯渊等人打作一处，结果，薛蟠仗着人多势众将冯渊打成重伤。冯家的家丁们将冯渊送回去不过三日，这位少爷就撒手人寰了。

从这桩杀人案可以看出，薛蟠是一个强取豪夺、任性妄为、嚣张跋扈、横行霸道、暴躁易怒的人。他因为一件没有弄清缘由的事情就将人打死，这不仅是法理难容，更是天理难容。薛蟠成长在一个没人约束的环境之中，即使犯了严重错误也不会受到任何惩罚，而这正是他恶劣性格形成的根本原因。

一个人成长在富贵之家，若没有很好的教养往往就会形成像薛蟠一样恶劣的性格。而在现实生活中，我们常常会听到“穷人的孩子早当家”“家贫出孝子”等言论，这是因为穷苦的环境可以助人成长，让人懂得生活的不易，懂得感恩和回馈，所以它往往能培养出懂得感恩、待人友善、安分守己的孩子。这同样是因为环境可以影响人的性格。

然而，同是生活在富贵之家，并受到家人疼爱和护佑的贾宝玉为什么不像薛蟠之流呢？这是因为除了环境能影响性格外，教育也能对性格产生重要影响。贾宝玉的父亲贾政从小喜爱读书，立志报效朝廷，因此他也希望儿子能像他一样做一个有学问、有抱负的人。所以，贾政对贾宝玉的家教十分严格。尽管贾宝玉所处的环境很容易使其变得奢靡，但在严格的家教下，贾宝玉虽然有些任性，却不至于纨绔不化。一个人成长在易于形成不良性格的环境中，若他所受的教育能劝他安分守己、知书达理，那么他也能养成良好的性格。

性格的形成虽然有先天的因素，但更多的是与成长环境和后天的教育有关，这就是说每个人可以通过主观的努力，通过自我教育，通过改善生活环境以及更多地进行实践来改变自己的性格。所以，如果你的性格不够完美，你不能以“天生的东西无法改变”来为自己辩解，只要你坚持按照一种理想的行为方式来行动，坚持不懈地向着你追求的性格前进，你就能逐渐建立新的行为模式，养成新的习惯，当你回过身来观察自己的时候，你就已经获得了新的性格。

透视你的性格

古语有云："人贵有自知之明。"古希腊人的谚语也劝人要"认识你自己"。而我说："透视你的性格。"其实这三者是一个意思，即你要学会认识自己、了解自己，知道自己的长处和短处，知道自己性格的优势和缺陷。"人贵有自知之明"是中国人的哲学和智慧，"认识你自己"被古希腊人奉为"神谕"，是其最高智慧的象征。古今中外的先贤们都这样告诫人们，由此可见，自知之明对我们的重要性。

有人可能会问："谁不认识、不了解自己呢？"之所以有人这样反问，是因为他正站在主观的角度来思考问题。如果有人这样问我，我会反问："为什么有些人会眼高手低呢？"实际上，现实生活中不乏眼高手低的人存在，在我看来，既然有眼高手低的人存在，就一定会存在不认识、不了解自己的人。因为眼高手低就是不认识、不了解自己的表现。

我们也许了解他人，了解周围的一切，但不一定了解自己。当局者迷，如果我们总是以自我为中心，总是要求一切围绕我们的利益出发，那么这样无异于自断前程，因为没有人会喜欢自以为是的人。人不能让“自我”遮蔽了视线，否则看不清脚下的路，定会栽个大跟头。在这个世界上，拥有自知之明的人并不多，凡是有自知之明的人定是拥有真正智慧的人。

生活中，有些人在别人面前口若悬河，说起事情来头头是道，但真要让他行动起来，他却束手无策。这是因为他没有看清自己性格中的浮夸。有些人胸怀鸿鹄之志，整天将“理想”挂在嘴边，但真给他施展抱负的舞台，他却常常畏缩不前。这是因为他没有看清自己性格中的自负。不知道自己性格缺陷的人还有很多，比如有些人遇事利令智昏、不知深浅；有些人取得一点成绩就沾沾自喜、忘乎所以；有些人不思进取、故步自封；有些人狂妄自大、目中无人。人类性格中的缺陷实在太多，如果你不能看清自己，没有应有的自知之明，那么你就会在自欺欺人的过程中飘飘然起来，前方等待你的不会是人生的巅峰，而是漆黑、冰冷的谷底。

《菜根谭》中有这样几句话，首先是：“抛却自家无尽藏，沿门持钵效贫儿。”意思是：抛弃自己家中的财富，却模仿乞丐拿着饭钵挨家乞讨。其次是：“暴富贫儿休说梦，谁家灶里火无烟？”意思是：一夜暴富的人不要总夸耀自己的财富，谁家的灶台里不冒烟呢？最后作者给出这样的评价：“一箴自昧所有，一箴自夸所有，可为学问切戒。”意思是：一句是说看不见自己所拥有的一切的人，一句是说炫耀自己暴富的人，这些都是做学问的人必须彻底戒除的事。

富有的人不知道自己的富有，竟学着乞丐挨家乞讨；精神贫穷的人不知道自己的贫穷，却总爱夸耀自己的财富。这都是自欺欺人、没有自知之明的表现。

妄自菲薄的人不明白自己的价值所在，所以即使给他世界上所有的财富，他也看不见，因为他从来不去思考自己的价值。每个人的存在都是有道理的，每个人的存在自有其价值，每个人都是独一无二的。无法正视自己、看不到自己价值的人是悲哀的。

人贵有自知之明，我们应该学会自省和自知，学会透视自己的性格，及时地看到我们性格中的缺陷，适时地发挥自己性格中的优势。这样，做人做事才能左右逢源、顺风顺水。

人有自尊，爱面子，希望别人尊重自己，这本身没有对错之分，但凡事过犹不及。如果你过于自尊，过于爱面子，过于希望别人尊重自己，往往就会陷入痛苦之中。所谓“死要面子活受罪”，太爱面子的人听不得别人的嘘声和批评，一旦有人教唆，他就会跌入别人的陷阱。这样的人只喜欢听别人的赞扬，听不进去别人苦口婆心的劝谏。为了面子，他们有时会妄自菲薄，有时又会自夸自傲。虽然自尊是一种优良的性格，但当我们没有把握自尊的“度”时，就会使其变成性格中的缺陷。自信也是这样，没有信心的时候，我们就会变得自卑；过于自信的时候，我们就会变得自负。透视你的性格，找出性格中的隐患，把握性格的“度”，我们就能化劣为优，塑造完美的性格。

有这样一则寓言：一只乌鸦看到一只鹰俯冲而下，瞬间就抓起草地上的一只羔羊，然后潇洒地飞走了。于是，它也学着鹰的动作去抓羔羊。当它抓住一只羔羊，准备飞走时，却发现无论自己如何努力，总是飞不起来。结果，被羊毛缠住爪子的乌鸦轻易被牧民捕获了。牧民拿这只不知天高地厚的乌鸦教育自己的孩子：“孩子们，你们看，这是一只忘记自己叫什么的鸟。”

与之相同的寓言还有很多，例如，一只青蛙喜欢和别的动物比谁的身材更丰硕，由于它能将空气吸入肚子，瞬间变得比原来大上1倍，所以它自认为自己天下无敌。一天，它吵着要与大象比谁更大，结果它鼓成一个圆球，远不及大象；鼓成一个磨盘，仍不及大象；最后它一鼓再鼓，只听“嘭”的一声，青蛙炸得粉身碎骨。

一只乌鸦如果没有自知之明，就可能沦为别人的猎物；一只青蛙如果没有自知之明，就可能丢掉小命；而一个人如果没有自知之明，他的下场也不会比乌鸦、青蛙之流好多少。

知人者智，自知者明。一个善于了解别人和剖析自己的人往往是聪明智慧的。

《论语·公冶长》中记载了这样一段对话：

孔子问子贡：“汝与回也孰愈？”（你和颜回比哪一个强？）

子贡回答：“赐也何敢望回！回也闻一以知十，赐也闻一以知二。”（我怎么敢奢望与颜回相比？他能够通过一知道十，而我听到一件事，只能知道两件事而已。）

子贡是孔子的得意门生，孔子曾称他为“瑚琏之器”，后人将他与颜子、子骞、伯牛、仲弓、子有、子路、子我、子游、子夏合称为“孔门十哲”。子贡能言善道、办事通达，拥有自知之明，凭借这些才能，他成为孔子弟子中的首富。

历史上拥有自知之明的智慧之人还有很多，比如邹忌。《战国策·齐策》中记载了这样一个故事：身材魁梧、容貌俊秀的邹忌分别向妻子、妾室以及前来拜访的宾客问了同一个问题，“我与城北的徐公谁美？”结果得到的回答都是“徐公不如你”。后来邹忌见到徐公，又回去照了照镜子，自觉在相貌上远不及徐公，于是他得出这样的反思，“吾妻之美我者，私我也；妾之美我者，畏我也；客之美我者，欲有求于我也。”

邹忌不仅有自知之明，还是个劝谏之才，他将悟出的道理告知齐威王：“臣诚知不如徐公美。臣之妻私臣，臣之妾畏臣，臣之客欲有求于臣，皆以美于徐公。今齐地方千里，百二十城，宫妇左右莫不私王，朝廷之臣莫不畏王，四境之内莫不有求于王：由此观之，王之蔽甚矣。”齐威王采纳了邹忌的谏言，并颁布诏令：“群臣吏民能面刺寡人之过者，受上赏；上书谏寡人者，受中赏；能谤讥于市朝，闻寡人之耳者，受下赏。”结果，齐国凭借在政事上的巨大成功受到燕、赵、韩、魏四国的朝拜。

每个人都爱听好话，但很少有人会思考别人说这些好话的目的。如果我们一听到别人的奉承，就开始飘飘然，觉得自己很伟大，那么往往会被这些好话所蒙蔽，从而使自己在现实中处处碰壁。

透视你的性格，抛弃性格中的自以为是，理性解读别人的奉承之言，这样我们才能拥有自知之明。

曾子曰：“吾日三省吾身，为人谋而不忠乎？与朋友交而不信乎？传不习乎？”频繁的自省也可以让我们获得自知之明。通过不断地学习来提高自我修养，通过频繁的自省来纠正性格中的缺陷，以自省实现自制自律，以自制自律实现自尊自重，以自尊自重实现自信自立，这才是完美性格的方程式。

自知是智慧的人，自省是不易犯错的人，自制自律是有修养的人，自尊自重是有气节的人，自信自立是容易成功的人。而同时拥有这些性格优势的人往往是胸怀宽广、顶天立地、不卑不亢、左右逢源的“精英人物”。

人贵有自知之明，人贵在能透视自己的性格。先了解和认识自己，才能透视自己的性格；能透视自己的性格，才能发现性格中的优缺点；能发现性格中的优缺点，才能离成功越来越近。

将自己设计成一个“凡人”

我们都是凡人，即使是天赋异禀、个性十足的天才也不能脱离凡人的范畴。无论你多么优秀，你总要吃五谷杂粮。既然我们都是凡人，就要接受作为凡人的事实，不能去做违背凡人规律的事情。无论我们多么渴望完美，多么希望进步，都要拥有量力而行的意识。在塑造性格的时候，也不能苛求得太多，要懂得将自己设计成一个“凡人”，而不是去炫耀自己、标榜自己，辛苦地维持一种高高在上的人设。

你是否在逞强，只有你自己知道。也许熟悉你的人会提醒你，但那可能是一种爱的压迫，让你无法发挥自己的潜能；也许不熟悉你的人也会提醒你，但那可能是催你逞强的毒药，他们只是在边上等待着你出丑，看你的笑话。你要量力而行，但也要学会把握机会，尝试突破自己。

我们都是凡人，所以要学着凡人的规矩做人做事。你的特立独行，不一定是别人想要的特立独行；你认为可靠的，不一定是别人相信的；你认为正确的，不一定是别人看好的。作为凡人，要拥有一定的敬畏心，敬畏自然，敬畏生命，敬畏生老病死，敬畏世间感情。

我们都是凡人，所以我们会害怕，会生气，会妒忌，会羡慕，会恍然大悟。我们除了性格，还有经验；除了爱情，还有友情；除了成功，还有快乐；除了失望，还有希望；除了愤怒，还有冷静……

我们都是凡人，所以都会经历凡人的事情，明白凡人的道理。

每次坐电梯我都会有意无意地去看一下电梯的承重，电梯的承重越大，我就会越放心。我不喜欢与很多人同挤一个电梯，每当人较多时，我宁愿选择爬楼梯也不愿乘电梯。

我在乘电梯时经常会思考这样一个问题：如果电梯坠落，我该怎么办？我曾在影视作品中看到过一些解决办法，比如背靠电梯的厢壁，快速按下所有楼层的按钮等等。这些办法都有一定的科学道理，虽然我并不知道它们的防护程度是多少，但遵照这些办法行事，至少能让我稍稍安心。

我曾经上班的地方，电梯的乘坐流量较小，如果去得较早，往往能享受一个人乘电梯的快乐。有一次，我起了个大早，在办公楼附近买了早餐，就准备乘电梯上去办公。我与门卫问了好，然后怀着好心情独自进了电梯。进入电梯后，我按下想去的楼层，然后沉默地等待。但是，我感到电梯启动时的晃动与平时不太一样，似乎是晃动的幅度更大一些，我内心深处冒出了不好的念头，但那也只是在心中想想，我并不认为真的会出什么事故。

结果，电梯的运行速度非常缓慢，还发出巨大的摩擦声，我的心一下提到了嗓子眼。我想去 8 楼，但是电梯运行到 8 楼后并没有停下，而是继续上升至12层，我感到非常奇怪，更奇怪的是，到了12层，电梯不动了，门有要打开的迹象，但就是打不开。看到这一切，我开始慌了。我吓得两腿发软，心脏发颤，我以为自己要出什么事，然后想到了家人，心中发出一百万个不想死的呐喊。不过，最后我还是冷静了下来，我按下电梯上的报警按钮，不久一个男保安的声音响了起来：“您乘坐的电梯出什么问题了？”我有些发颤地说：“上不去，也下不来，门也打不开。”

可能是男保安没听清，又向我问了一遍。接着一位女士的声音响了起来：“您不要慌，我们人工操作一下，您安心等待片刻。”然后，她又安慰道：“我们的电梯有多重安全装置，您别害怕，不会发生什么事的。”听到这些话，我稍稍放心。后来，电梯开始下降，直到下降到地下室2层才停下。过了一会儿，我看到两个保安一左一右将电梯的大门“扒开”，迎面是一个身穿职业装、年龄约有四五十岁的短发女士对我笑脸相迎。

“您没事吧。”她问。

“没事，没事，就是当时有些慌，想到家人来着。”我笑着含糊其辞。

“我带您在楼周边走一圈，您平复一下心情。”她笑着建议道，那笑容有些像我的母亲。

“好的，好的，我走走，缓一缓。”我答应了她的提议。

于是，我就与她绕着办公楼走了一圈，她边走边安慰我，并告诉我现在的电梯都非常安全，即使遇到故障也不用太过担心。散步结束后，她向我提议可以乘坐货梯上楼。我委婉地拒绝了她，同时也给了她一个建议："您还是找人来看一看，排查一下电梯的隐患吧。"最后，我独自爬了8层楼梯才最终走进办公室。打开办公室的电脑，我并没有急着工作，而是在浏览器中搜索了"电梯事故发生率""电梯事故致死率""电梯安全装置"等一系列的问题。

每次与人分享这段经历，我都会自己笑自己。是呀，我是凡人，无论性子多么要强，我依然会在遇到危险时感到害怕。无论我多么勇敢坚毅，也会在面临生死时认怂。这是一个凡人的正常反应。但是，从这件事上，我看到的远不止这些。我觉得人就像电梯，我们不知道它会什么时候出现故障。但只要我们懂得时时保养、时时检查就能将其发生事故的可能降到最低。

人在进行自我塑造，比如性格塑造的时候，其实就像是在安装一部电梯。你要考虑到每根钢丝绳的粗细、承重，考虑到每个零件的安装、固定，考虑到每个程序设计的合理性、准确性等等。也就是说，无论硬件还是软件，你都要做到尽善尽美，这样你的电梯才不会轻易坠毁。如果你的电梯只能承受十个人的重量，那么你最好让乘客保持在十个以下，或者在设计程序时禁止电梯超重运行，只有这样，你才不会因为逞强而发生意外。

与此同时，你还要在你的电梯上安装保险装置，当电梯出现故障，比如突然向下坠落时，你就可以利用保险装置获得救赎。例如，你可以设计一个急停装置，在电梯快速坠落时，及时让它停下；你也可以在电梯上安装一个缓冲器，让电梯出现事故时能通过逐渐减速而免受损伤；你还可以为你的电梯安装短路过载保护装置，让它在电路出现问题时能够马上断电和固定。

我们知道，当电梯超重时，是不会运行的，这个时候，我们就会劝一劝后上来的、靠近电梯门口的人乘坐下一部电梯。如果一个人下去不行，我们就会规劝第二个后来者，直到电梯能够正常运行为止。

电梯不能超重，人不能逞强。我们都是凡人，自然要明白这些道理。一个人可以要强，因为要强可以催人奋进，但人决不能逞强，因为逞强会使人“坠毁”。你很爱工作，是个工作狂，但你不能一直工作。如果你每天因工作只睡三四个小时，那么时间一长，即使你的精神还能抗住，你的身体也会垮掉。你的逞强或许可以给你带来财富、利益和一片赞美，却不能为你弥补身体上那些不可逆的伤害。当你干不动的时候，你就会明白过犹不及的道理。

有些人的性格内向，初入职场时难免会处理不好与上级之间的关系，于是他会感到上级处处针对他，没事总爱找他的麻烦。在这种情况下，他要如何应对呢？是不惜一切代价，逞强与上级一搏，还是暂时示弱，等待机会证明自己呢？不少人会选择第一种做法，理由是人不能委屈了自己，做事要对事不对人，为什么要受别人的窝囊气？显然，在他看来，人都是有性子、有脾气的。大家都是人，不能随便被人给欺负了。但你也要明白，同样是人，别人也是有脾气的，如果上级提醒你无数次你依然记不住，教你无数次你依然学不会，他为什么还要提醒你、教你呢？为什么还要围着你转，对你笑脸相迎呢？你拖垮了别人的节奏，影响了别人的效率，阻碍了别人的进步，遏制了别人的利益，别人为什么要迁就你呢？

作为一个新人，你所要做的应是保持谦虚的态度，向别人学习和请教，你要把自己定位为一个初学者，一个普通的、会犯错的凡人。你不能因为自己在学校成绩好，就认为自己是高高在上的天之骄子。如果你放不下姿态，只会逞强斗狠，那么你终将会被社会所淘汰。所以，请记住，将自己设计成一个“凡人”！

优良性格的塑造

前面我们说过，影响性格的主要因素有两个，一是环境，二是教育。因此优良性格的塑造亦少不了这两大因素。我们都听过《孟母三迁》的故事，孟子的母亲之所以会频繁搬家，正是因为她非常清楚环境对教育孩子和塑造孩子性格的重要性。同时，我们应该明白，教育对人“三观”的树立具有举足轻重的意义，而这更多地体现在它对人性格的塑造上。我们常会说一个人有家教，其隐含的意思就是一个人在良好的家庭教育下养成了优良的性格。优良的性格是体现一个人优秀素质的一部分。

在我看来，相比于环境，后天的教育更为重要。因为我们通常很难改变周围的环境，但是我们可以通过多重渠道来接受教育，比如家庭教育、学校教育、自我教育等等。通过教育来塑造优良的性格更方便，也更有效。

在众多的教育中，有一种教育可以从根本上影响人的内心，进而影响人的性格，这就是心理教育。

随着时代的进步，人们对心理教育越来越重视。不管是家庭教育、学校教育还是自我教育，都多多少少会牵扯到心理教育。随着教育体制的逐步完善，现代学校往往都会设立专门的心理咨询室，为那些存在性格障碍和心理障碍的孩子提供帮助。在发生天灾人祸之后，社会的慈善机构和教育机构往往会专门派遣心理学专家为相关的人做心理辅导，从而帮助他们尽快走出阴霾，重获新生。

在美国，一些贵族学校在开学时，通常会给孩子上这样的三节课。

第一节课是认识贫穷。

显然，贵族学校的孩子家境殷实、生活富裕，他们对贫穷几乎没有什么概念。而一堂认识贫穷的课可以很好地帮助他们认识到生活的另一面。

开学时，学校的心理老师会组织孩子们一起去参观救济中心。当孩子们看到那些无家可归的人只能挤在救济中心啃硬面包时，他们的内心十分震撼。在老师和救济中心的安排下，孩子们会一对一地为流浪汉服务。这些富裕的孩子能够从流浪汉那里听到许多跌宕起伏的人生故事，比如有的因嗜赌如命而输尽一世身家，有的因投资破产而一无所有，有的因家庭巨变而散尽家财等等。所有故事的结局都是当事者变得一贫如洗，只能流浪各地，无家可归。这些故事令孩子们震撼无比，给他们的内心带来了巨大的冲击。这让他们学到了许多在课堂上无法学到的东西，比如人虽然可以生来富贵，但这种富贵只不过是过眼烟云，很容易像流水一样蒸发消失，像时间一样流逝不见。所以，富贵只是表面的，你不能保证它任何时候都存在，人生的价值不应该用金钱来衡量。

这样的心理教育能从根本上让孩子在心中树立正确的观念，让他们在认识贫穷的同时，学会珍惜眼前的一切，懂得感恩和回馈。

第二节课是成就他人。

无论你是谁，你都不可能独自存在，必然要与他人保持联系，比如你需要与家人保持沟通、建立自己的社交圈等等。而与他人相处的过程中，绝不能只是单方面地索取。每个人都希望得到理解和尊重，我们与陌生人建立友谊，这样可以相互支持、相互鼓励、相互慰藉，我们与同事相处融洽是为了彼此合作，实现共赢。在我们感到满足的时候，我们也要懂得成就他人，给那些为你带来幸福和快乐的人以真诚的回报。为了实现这一点，美国的贵族学校会在开学时先组织一场户外探寻，这种探险活动多以夏令营或冬令营的形式呈现。老师会将班级的学生分成若干个团队，且分组十分用心，他们甚至会将存在矛盾的孩子分到一组，让他们合作去完成一件冒险任务。在这类运动的过程中，学生们会相互了解、相互帮助，当他们懂得相互协作时，他们就会放下心中的芥蒂，认真地审视对方的优点，衷心地接受对方的缺点，相互帮助，相互成就，共同进步，实现共赢。这样的活动可以促使孩子们逐渐形成积极、乐观、合作、奉献等优良品格。

第三节课是靠自己成为富人。

入学时，每个学生都会获得两个虚拟账户，一个是精神财富账户，另一个是物质财富账户。每当学生们做了一件好事、发表了一篇论文或申请了一项专利，他们就会在精神财富账户中增加一枚虚拟金币，每当学生们制作出一件手工制品、合作完成了一项任务或是成功种植出一株植物，他们就会在物质财富账户增加一枚虚拟金币。每个月月底，学校就会在官网上张贴精神财富和物质财富排行榜，综合财富高的孩子可以获得许多学校特权，比如可以优先选择座位、优先使用热门体育用品，优先领餐，甚至还能获得免学费和免食宿费的机会。这种活动可以帮助孩子们建立财富意识，使他们养成独立的性格。

教育特别是心理教育可以更有效率地完成优良性格的塑造，它能潜移默化地使孩子们在不知不觉中实现转性。这种教育不仅适合孩子，同样也适用于成年人。

心理学中有许多十分有效的方法可以帮助我们进行优良性格的塑造，比如罗森塔尔效应、超限效应、德西效应等等。

首先来看罗森塔尔效应。

美国著名的心理学家罗森塔尔曾用小白鼠做过一个试验，他将十几只小白鼠随机分成 A、B 组，然后对喂养 A 组的人说："这是一群非常聪明的老鼠。"接着他又对喂养 B 组的人说："这几只老鼠的智力一般。"过了几个月，罗森塔尔分别将两组老鼠放在迷宫里，观察它们能否循着食物的气味走出迷宫，结果，A 组老鼠竟然真的率先走出迷宫找到了食物，它们果然比 B 组老鼠聪明。

后来，罗森塔尔走进一个班级，他随意扫了一眼座位上的学生，然后在点名册上圈出了几个名字，他告诉一旁的老师说："这几个学生拥有很高的智商，他们未来的学习成绩一定非常优秀。”结果，过了几个月，罗森塔尔再次走进这个班级，他发现曾经被他圈出名字的那几个学生果然都成了班上的佼佼者。

这就是心理暗示的神奇魔力。我们的情感和观念会不同程度地受别人的影响，而且我们越是信任，越是喜爱，越是敬佩，越是崇拜的人越容易影响我们。长期消极的心理暗示会使人的情绪受到影响，不仅不能塑造出优良的性格，还会损害其心理健康，使其形成性格障碍。而积极的心理暗示往往能使人形成自尊、自爱、自强、自信的优良性格。

超限效应源自美国著名作家马克·吐温的一次捐款经历。有一次，马克·吐温去听牧师的演讲，听到动情处，他决定捐款。但是，十分钟过去了，牧师的演讲仍没有结束的迹象。马克·吐温有些不耐烦，于是就在心里盘算只捐一些零钱。又过了十分钟，牧师的演讲还在继续，马克·吐温的耐心被耗尽了，于是，他打消了捐款的念头。然而，牧师并没有注意听众的感受，他仍自顾自地做着演讲。又等了一会儿，演讲终于结束了。但是，此时的马克·吐温已经到达崩溃的边缘，他的内心很是气愤，他不仅一分钱没捐，还趁牧师不注意从盘子里拿走了 2 美元。

性格的塑造不是一朝一夕的事情，它需要投入许多精力和时间。过多的唠叨、过强的刺激、过久的提醒会降低人的耐心，使人产生逆反心理。这就是“超限效应”。

要为孩子塑造优良的性格，就需要父母停止反复的抱怨、唠叨。

孩子如果犯了错，父母只需要提醒一两次即可，三番四次的批评和指责，只会让孩子感到不耐烦，甚至产生逆反心理。同样，一个人如果试图改变自己的性格，他就不能总揪着自己性格上的缺陷不放，反复埋怨自己，苛责自己在短时间改变现状，这样，往往会增加做事的难度，久而久之，就会形成得过且过、自怨自艾的心理。

德西效应对优良性格的塑造也有启发意义。心理学家爱德华·德西完成了一个著名的实验：他找来几名大学生，然后让他们分三个阶段来解答有趣的智力难题。第一阶段，所有参与者都没有奖励；第二阶段，德西将大学生分成两组——奖励组和控制组，奖励组每解答完一题就能获得1美元的报酬，控制组答题不会获得报酬；第三阶段，所有参与者可以自由活动，并把是否继续答题作为他们喜爱这项活动的程度指标。

结果，第二阶段奖励组的人在第三阶段继续答题的人数很少，答题的时间也较短；而第二阶段控制组的人在第三阶段继续答题的人数较多，时间也较长。德西的实验表明，人在某些情况下即使可以内外报酬兼得，也不会增强工作动机，还会减弱工作动机。

有一个寓言故事可以帮助我们理解德西效应，一群孩子经常在一位老人家门前打打闹闹，时间一久，老人实在受不了了，就想了一个办法。他将孩子们召集起来，然后对他们说："你们经常在附近玩闹，使得这里变得很热闹，这让我的心态也年轻了不少。为了表达谢意，我打算给每个人10美分作为奖励。"孩子们开心极了，第二天他们依旧吵吵闹闹。傍晚时分，老人又将孩子们召集在一起，说：“孩子们，你们辛苦了，今天每个人有5美分的奖励。”第三天，孩子们又来了。不过，这一次老人只给了每人2美分。结果，孩子们非常气愤地说：“一天才给2美分，实在太少了，远远抵不上我们的辛苦！以后我们再也不来了。”

孩子们一开始是为了使自己快乐而玩，他们的行为是出于兴趣。而在老人的干预下，他们的玩有了外部动机，即为了得到金钱奖励而玩。随着老人奖励的金额逐渐减少，孩子们的内心越来越不满意，最后即使他们能同时得到内在奖励（自我满足）和外在奖励（2美分），他们也不愿继续做原来的事情了。

我们在日常生活中也经常能遇到德西效应，比如父母承诺孩子取得好成绩就予以物质奖励，但随着奖励次数的增加，反而使孩子逐渐丧失了学习兴趣，变得虚荣和势利。优良性格的塑造需要积极的心理因素。学好心理学的方法，从心理层面对孩子加以引导，往往能达到事半功倍的效果。

第七章

性格与做人：别让性格成为你做人的负累

战胜自我，才能强大自己

在我看来，无论是谁，都一定有自以为是的时候，都一定有以自我为中心的时候。“自我”是人类性格中普遍存在的缺陷。中国实行了许多年计划生育，目前大多数90后、00后，都是独生子女，他们集爸爸妈妈、爷爷奶奶、外婆外公的宠爱于一身，被人们称作“小皇帝”“小公主”。由于娇生惯养，不少人养成了任性、骄纵、自我等不良的性格。他们处处将自己放在第一位，对自己宽容，对别人严苛，不能接受别人不同的意见，时常把“个性”挂在嘴边。然而，在别人看来，他们的“个性”只是一种幼稚、不成熟的表现。

当我们看到他们突出个性、表现自我的种种行为时，不由得为他们暗暗担心。我们常常会在心中发问：“你们的家人或许可以容忍你们的任性、骄纵和自我，但将来到了社会上，谁还会继续容忍你们呢？”

太自我的人往往会形成两个极端，一个是过于张扬，另一个是过于内敛。首先来说过于张扬。有些太自我的人表现得非常张扬，他们唯我独尊，天不怕、地不怕，一旦取得一点成绩，恨不得让所有人都知道。这类人急于表现自己，虚荣心爆棚，常常会惹人反感；另一种表现得过于内敛，这类人通常有“玻璃心”，只在意自己的事情，只希望别人听自己的意见，别人一旦指出他们的错误，他们就会受不了。

无论过于张扬的自我还是过于内敛的自我都是不可取的。这样的性格只会把你困在自己的世界里，你出不去，别人也进不来。如果失去了与他人交流沟通的能力，那你的人生一定会很凄惨。人们往往不会与过于张扬的人共处一室，更不愿与这样的人多交流，这样一来，过于张扬的人就会失去许多获得帮助的机会。而在这个世界上，多个朋友多条路，我们总有需要别人帮助的时候，如果别人因你的张扬而拒绝帮助你，你的人生之路便注定不会平坦。

别太张扬，也别太自以为是，否则你可能会成为众矢之的。前段时间有一段网络视频引发了网友的一片热议，视频中，一个驾驶着保时捷汽车的女子因不满交通执法对交警怒扇耳光。视频一爆出，人们纷纷指责该女子，甚至有网友对其进行“人肉搜索”，使得她的个人信息被全盘托出，家人也惨被牵连。

你可以把世界当舞台，但不能总把自己当主角。在公共场合，既要遵循基本的规则，又要对自己的言行负责。网络时代，我们的一言一行都可能被曝光，一旦我们的言行不当，就可能会持续发酵，以至于造成超出我们想象的后果。而事情一旦发生，就只能由自己来买单。

我们既要战胜张扬的自我，也要战胜过于内敛的自我。一些家庭条件优越、被父母过分宠爱的女孩往往会患上“公主病”和“玻璃心”，比如曾经的 Selina（任家萱）。

即使你不认识Selina，你一定听过这首歌——“你是电，你是光，你是唯一的神话……”没错，这就是歌手组合 SHE 的代表作《Super Star》。而该组合中的“S”就是 Selina。

曾经，Selina 是一个非常脆弱的女孩。Selina 小的时候，父母非常宠爱她，用她的话来说，她就像“父母捧在手心中的一个小公主”。因此，她染上了“公主病”，希望大家都围着她转，要求大家都优先考虑她的意见。同时，她也是一个非常脆弱的女孩，常常被别人说成“玻璃心”。

然而，一切都顺风顺水的 Selina 在她 29 岁那年却发生了意外。29 岁时，Selina 的人生原本处于一个巅峰的状态，她的事业很成功，她的友情、爱情、亲情都非常完美。然而，就在这一年，一场突如其来的意外把她从“天堂”推进了“地狱”。因拍一场爆破戏，Selina 受了伤，医生判定为三度烧伤。

受伤后的 Selina 承受着她这辈子从来没有想过的巨大痛楚，那个时候，她全身不能动，只能躺在病床上盯着天花板。她一看就是一整天，眼泪会时时从眼眶流出，然后顺着脸颊滚落在枕头和床单上。由于她的枕头和床单总被眼泪打湿，所以要经常更换。Selina 所有的努力和成就在那一刻全部归零，她需要重新开始。

Selina 常常会感到自己快撑不下去了，她不知道该怎么办。然而，在她最绝望的时候，她的心底却有另一个声音在告诉自己：“我活下来了，我既然活下来了，就不应该放弃。”这一信念支撑着她，所以每一天，即使再痛，她都会安慰自己："好吧，那明天就会比今天少痛一点点了，我今天撑过，明天就会比今天更好了。"

但是，令 Selina 没有想到的是，她接下来所要面对的是比疼痛更可怕的复健。Selina 必须像个婴儿一样，重新学习已经熟悉的一切，包括握、拿、站、坐、蹲等动作。

Selina的手上也有伤，为了让双手尽快康复，她要重新练习握笔，重新学习拿筷子。Selina 腿上的伤更严重，她每天都要一次次地练习下蹲，第一次只能蹲下去一点，然后她需要休息一下，接着尝试第二次；第二次她会再往下蹲一点，然后再尝试第三次。第三次，她能蹲下去了，但是这个时候，她看到自己膝盖上的皮肤被崩破，鲜血从里面渗出来，染红了她的整条压力裤。那个时候，Selina 崩溃得大哭。每次做完复健，她都会十分沮丧，她不知道自己还能做什么，她的身心都陷入了绝境。

与此同时，Selina 的性格也开始发生变化，她说："我变得不再是我，我变得非常愤怒，仇视一切，我很怨恨，变得很悲观，甚至几度有了绝望的念头。"

幸运的是，尽管 Selina 的身心发生了变化，但她身边的人始终没变，而且还更爱她了。Selina 每天做复健时，好友 Hebe（田馥甄）和 Ella（陈嘉桦）都会抽空来陪她。由于 Selina 的脸上和头上都有烫伤，所以她除了穿压力衣外，还要戴头套。Selina 一直很讨厌戴头套，因为戴上头套会压到头上的伤口，这使她非常痛苦，但是如果不戴头套，她的伤口就会有感染的风险。另外，戴上头套的

Selina只能露出五官，整个人看上去就像一个Spiderman（蜘蛛侠）。为了安抚Selina的情绪，让她积极配合治疗，Hebe和Ella对她说："老婆（朋友间的昵称），你乖乖戴上头套哦，你戴多久，我们就戴多久。"于是，在Selina做复健期间，大家经常会看到有三个蜘蛛人在摆一些可爱的、有趣的造型，然后用手机记录下这搞笑的一切。朋友的支持给了Selina勇气，使她逐渐坚强起来。

四年后，Selina给自己定下了一个挑战——参加人生中第一个"十公里的马拉松"（四分之一马拉松），这对受过伤的Selina是一件非常不可思议的事情。这次比赛给Selina留下了深刻的印象，比赛当天，Selina越跑越累，到了后半程，她感到十分不舒服，觉得整个人的身体负荷已经达到极限，这令她丧失了完成比赛的信心，于是便大哭起来。那个时候，许多人跑过来安慰她："没关系，你不要勉强自己，不想跑就不要跑了。"Selina虽然能感受到这些朋友的关心，但这些话并不是她想要的。这时，Selina的教练走到她面前说："Selina，你比你想象的还要强很多，我从来都没有把你当病人，只有你自己，把你自己当病人。"

听了教练的话，Selina在心中告诉自己："你不是只为了自己跑，你要为了这一路以来，一直支持你，一直陪着你的家人、朋友，还有这么多的爱而跑。"

在众人的鼓励下，Selina跑完了全程。在到达终点的那一刻，Selina激动地放声大哭，她战胜了自己。

第二年，Selina参加了人生的第一个半程马拉松，这一次她要一口气跑二十公里，最终她克服了身体的障碍，再一次突破了自己。

在战胜了自我之后，Selina 的性格发生了很大变化，她变得更加坚强了。在她看来，自己战胜了这样多的磨难和挑战，人生再也没有什么能让她无法面对了。

人生很奇妙，当你过完一关之后还有下一关再等着你。但是，幸运的是，人往往要比自己想象得要坚强得多。接下来，Selina 所要面对的是失败的婚姻。

在这个过程中，Selina 经历了痛苦、沮丧、难过等种种心情。但是，她并没有被击垮、被打倒。她时常会告诉自己，不能陷入负面的思考和被动的性格之中，而是要拿出决心和毅力，因为只有自己能给予自己勇气。

有人问 Selina："你对爱情还有憧憬吗？"

当夜阑人静、孤单一人的时候，Selina 会想：有没有可能会有另外一个人出现？但是想到这里，她又会想：那个人会不会像自己一样，爱着我的过去，爱着我的疤痕呢？每次这样的念头泛起，Selina 都会非常难过。但是，很快她又会告诉自己：没关系，当第二天醒来，太阳又出来的时候，我要继续乐观、努力、向前。

Selina 的经历告诉我们，曾经的脆弱、胆怯、"玻璃心"等等都不重要，谁的性格中没有缺陷呢？性格的缺陷并不可怕，悲惨的经历也不可怕，可怕的是不能正视自己，在人生最需要勇气的时候，选择放弃、逃避、自暴自弃。勇气只有自己给予自己，战胜胆怯、懦弱的自己，才能使自己真正强大起来！

性格决定成败

为什么性格能决定成败呢？因为人的性格决定了他对现实的稳定态度，决定了他对现实习惯化的行为方式。性格截然相反的人对事情的态度和行为方式往往会不同，比如，谦虚的人做事内敛，行为低调；骄傲的人做事张扬，行为高调。诚实的人做事实事求是，行为一板一眼；虚伪的人做事表里不一，行为遮遮掩掩。勤劳的人做事任劳任怨，行为勤勤恳恳；懒惰的人做事偷奸耍滑，行为拖拖拉拉。果断的人做事雷厉风行，行为干脆利落；寡断的人做事瞻前顾后，行为犹豫不决。不难看出，做事态度关系着人的选择和决断，行为方式关系着处理事件的方式和方向。人生中的成功与失败有很多，但大多数的成功与失败都与人的性格有关。

性格可以成就你，也可以毁灭你。当你能借助性格获得更多的成功的时候，说明你的性格与社会环境相适应，与人物关系相适应，所以你应该保留你的这些性格优势，甚至将它们发扬光大。相反，当你的性格总是让你处处碰壁，甚至使你寸步难行，总是阻碍你走向成功的时候，你就应该多进行自我反省，找出性格中的缺陷，并及时改正它们，让你的性格与社会环境和你的人际关系相适应，这样你才能使你的生活转败为胜。

古往今来，性格决定成败的例子数不胜数，比如刘邦与项羽，诸葛亮与周瑜，孙膑与庞涓等等。这里我们具体来分析一下刘邦与项羽的性格特征。

首先来说说刘邦。

由于许多历史学家并不认可刘邦的人品，再加上现代许多影视作品中对刘邦的夸张刻画，导致人们对刘邦的印象并不好，在很多人眼中，他就是一个十足的小人。但是，刘邦在性格上确有过人之处，否则他也不可能成为一代帝君，毕竟“汉高祖”的名号也不是白叫的。

刘邦是一个不达目的誓不罢休的人，他愿意为了自己的理想，不惜牺牲一切。这种坚定不移的性格是成大事者必备的条件之一。

当刘邦看到秦始皇出行威风凛凛的仪仗时，他在心中就为自己确定了目标。他说：“嗟乎，大丈夫当如此也！”刘邦想做一个顶天立地的大丈夫，他的理想就是当皇帝。一介草民竟然想当皇帝，这对任何人来说几乎都是难以想象的。在外人眼中，刘邦的理想只不过是狂妄之想。但刘邦不仅敢想，还敢干。为了自己的理想，他的内心坚定不移，愿意牺牲自己的一切。

尽管当时还没有“失败是成功之母”这句话，但刘邦却将其诠释得淋漓尽致。在刘邦眼中，失败并不可怕，放弃才最可怕。面对挫折和失败，刘邦表现出非凡的耐心，他越挫越勇、锲而不舍，即使身边只剩下一个人，他仍然信心十足、斗志昂扬。在他的字典里没有“放弃”二字，一次失败，他就重新出发；两次失败，他便再次收拾行囊；三次失败，他仍要卷土重来；四次失败，他依然相信自己可以东山再起。刘邦经得起失败，扛得起挫折，他曾在楚汉之争中多次面临险境，即使狼狈地逃窜，他的心中也没有一丝一毫的气馁。于是，虽然在与项羽的多次交锋中，刘邦都失败了，但是在最后一次，他终于战胜了项羽，并一举将天下改姓为“刘”。

刘邦深知“大丈夫能屈能伸”这个道理，他做事总是会等到时机成熟、自己有十足的把握取胜时才下手。伐秦之前，楚怀王与各路诸侯约定，谁先攻占关中，就封谁为“关中王”。刘邦率军向西攻秦，率先攻入咸阳，擒住秦王子婴，按照约定，刘邦应该被封为“关中王”。但是，刘邦当时只有十万兵，并且没有与秦兵主力较量，而后冲入关中的项羽坐拥四十万大军，且在与秦军主力交锋中立下赫赫战功。

刘邦在军队人数、质量以及战功上都不及项羽，所以他选择暂时屈就项羽。而项羽也深知这一点，但他同样知道，按照约定，刘邦会成为“关中王”，为了给刘邦留些面子，他最终封刘邦为“汉王”，并让他统治巴、蜀、汉中三郡。当时，秦国西南地区的这三郡远离关中，让刘邦统治这些地方无异于流放他。而且在刘邦上任时，项羽留下了他的七万兵，只让他带走了三万兵。这显然是变着法削弱刘邦的实力。刘邦尽管受了这样的气，却仍然懂得忍耐，他也不与项羽计较，风风火火地跑去上任了。这还不是最令人佩服的，刘邦在走时还将身后的栈道全部烧毁，这明面上是迷惑项羽，让他知道自己无东归之心，实际上是为了防止项羽派人偷袭自己。刘邦为了保存实力，甘愿隐忍，等到转移了项羽的视线后，他才开始休养生息，增长实力。几个月后，刘邦重整旗鼓，击败了项羽派遣防范他的大军，最终将关中收入囊中。“小不忍则乱大谋。”刘邦懂得隐忍，这也是他成功的原因之一。

另外，刘邦还是一个虚心纳谏的人。这一点与项羽截然相反。项羽的刚愎自用没少让他吃苦头，而刘邦的虚心纳谏却经常能把他从冲动中拉回来。项羽对自己的不公分封，刘邦也曾因此而恼羞成怒。但是，他最终控制住了自己的情绪。如果刘邦因一时冲动选择在关中与项羽开战，那便不会再有之后的楚汉之争了。刘邦隐忍的前提是他能听进去别人的劝告。樊哙、萧何等忠心的将领在刘邦愤怒之际极力劝谏，而刘邦也听进去了这些劝谏，所以他才没有孤注一掷。

再来看项羽的性格特点。

西楚霸王项羽力大无穷，可以举起千斤的铜鼎，曾作《垓下歌》，自称“力拔山兮气盖世”。力能举鼎说明他神勇盖世，身体素质无可挑剔；而作出“力拔山兮气盖世”的千古名句，说明他是一个自信且很有才华的人。但是，项羽也有缺点，他至死都没有明白自己为何会落得如此下场，而是把自己的失败归结为“时不利兮”（时运不济）。

项羽一生中征战无数，几乎没有他打不胜的仗，他勇猛无畏，却少有谋略。公元前 207 年，项羽以不足五万的士兵对战章邯、王离所率四十万秦军，最终，这场战役成为以少胜多的经典战役，史称巨鹿之战。在战争开始前，项羽只是一个副将，他见上将军宋义屯兵四十六天不进军，非常着急，于是就谏言进军。但是，宋义却说他有勇无谋，并下令："凡是猛如虎，狠如羊，贪如狼，倔强不服从指挥的人，一律处斩。"

后来，宋义为庆祝儿子宋襄去齐国担任宰相，大摆宴席招待宾客。但是当时军备有限，天气十分寒冷，项羽见士兵们饥寒交迫，而宋义却在为了私利娱乐，于是，他就在早晨冲进营帐斩杀了宋义。之后，他带兵伐秦，并以破釜沉舟的勇气大败秦军。

项羽光明磊落、敢做敢当，是勇猛无畏的战神。他是推翻秦朝暴政的先锋，人们视他为大英雄、真豪杰。但是，正如宋义对项羽的评价，项羽是一个有勇无谋的人，在性格上存在着致命的缺陷，他在拥有英雄之名的同时，同样也是一个骄傲自大、目光短浅、生性多疑、优柔寡断的人。在他看来，刘邦并不会威胁到自己，所以在鸿门宴上他明明有机会杀掉刘邦，却因自己的优柔寡断，最终成了别人刀俎下的鱼肉。

作为武将，项羽的内心是自豪的，在他看来，武将上阵杀敌，是战争胜利的基石，所以他对武将的态度非常友好，把手下的武将视如兄弟。但是他对运筹帷幄的谋臣却不以为然，对他们的态度也非常轻慢。这致使陈平、韩信等谋臣良将另选他主。项羽凭借自己的勇猛和手下的武将赢得了多场胜战，他在军事上是胜利的，但是在政治上却是失败的。别人只是略施一个小小的离间计，项羽便上了当，直接逼死了对自己最忠心的谋臣——父亲一般存在的亚父范增。重情重义的项羽竟如此生性多疑、目光短浅，从这一点上来看是令人痛惜的。

另外，项羽还是个嗜杀成性、仁善不足的人。巨鹿之战后，项羽见二十万归降的秦军不能为自己所用，便下令将他们坑杀。项羽每每在攻下城池之后，往往会下令屠城，比如他在攻破襄城、城阳、新安、咸阳、外黄时都有过屠城和杀降的行为。

刘邦在性格上敢想敢做、不怕失败、锲而不舍、能屈能伸、谦逊有礼，他顺应了时势，俘获了人心，迎合了历史的潮流，所以他能成功。而项羽在性格上刚愎自用、骄傲自大、目光短浅、生性多疑、优柔寡断、嗜杀成性，他没能顺应时势，未能留住人心，也未能把握住机会，所以他会失败。性格决定成败，这在刘邦和项羽的身上都有体现。

第八章

逆着性格做人：“低调性格”成就“高调人生”

性格太要强往往难做人

一个人可以要强，但不能太要强，这需要适度的把握，否则就会趋于极端。我尚且可以接受要强的人，因为适当要强是一种进取的体现。不想当将军的士兵不是好士兵。

适当要强的人往往会把“争强”藏在心里，不容易显露出来，别人也不容易看出来。而那些被我们说成要强的人通常已经超出了适当要强的范畴，我们能看出他的要强，这说明他的这种想法已经具备盛气凌人的气势了。我不主张太要强，因为太要强跨越了安全的门槛，变得很容易失控。我们鼓励人要有进取心，要学会追求自己想要的东西，所以，若生活中出现了一个公平的机会，我希望你去争取，去适当的要强。

一个过于要强的人在做人做事上通常会非常强势，这种强势会给人一种盛气凌人的压迫感，使别人感到自己的尊严受到了挑衅。而一旦这种强势受到别人的打压和阻碍，当事者就可能因短时间没有达到目的，而变得急躁、易怒，甚至会产生偏激的想法。这些反应也是矛盾、冲突产生的根源。

俗话说："千金易得，知己难求。"朋友是我们人生中的贵人，他们能在我们沮丧时鼓励我们，给予我们安慰；能在困难时帮助我们，让我们重拾信心；能在我们生病时陪伴我们，给我们带来好心情。一个能对你嘘寒问暖的朋友是难得的，所以我们应该懂得感恩，懂得珍惜这份来之不易的友谊。

但是，过于要强的性格可能会破坏这美好的一切。在与朋友相处的过程中，你的强势很可能会伤害到对方，并逐渐瓦解这份纯真的友谊。所以，在朋友面前，我们应该收敛自己过于要强的性格，将强势的一面隐藏起来，注意言行，懂得分寸，将平等、友爱、善意坚持到底。

或许你会说："我的朋友就喜欢我的强势。"之所以有人会存在这样的观点，是因为他错误地把"要强""强势"理解成了豪爽、直率。在建立友谊之初，过于要强的人也许能把自己性格中的"冲劲""直率""豪爽"统统表现出来，别人初看会认为他是一个性情中人，并愿意与之建立友谊。不可否认，过于要强在一定场景中能够得到大家的拥护和肯定，但随着交往的深入，这种性格的缺点也会暴露无遗。人们会感到与之越来越难以相处。过于要强、过于强势的人往往会得罪身边的朋友，这一点毋庸置疑。

过于要强的人一方面会表现得很强势，另一方面也容易得理不饶人。与这样的人相处，一两次的争吵，我们尚且还能忍受，但是随着时间的推移，我们会越来越计较这种性格特征展现出的压迫感。

在人际交往中，太要强不可避免地就会得罪人，这样持续下去，身边的朋友就会害怕与其会面，并对他敬而远之。当所有人都知道你的这种性格后，你就会成为众人避之不及的对象。若因为性格太要强、太强势而失去真心交往的朋友，这样的人生何其寂寞、荒凉！

同样，我们在职场中也不能表现得太要强和太强势。与同事相处，要懂得包容和理解。你我都是为了更好地完成工作，没有贵贱之分，都是靠自己的双手获得应有的报酬。那么，我为什么要容忍你的咄咄逼人呢？不可否认，从某种意义上来说，我们与同事相处的时间甚至要比与朋友、家人相处的时间更久。在日常工作中，从早到晚，我们都与同事生活在一个屋檐下，我们天天见面，彼此问候，沟通着工作，一起聊天解闷，一起去厕所，一起去饭馆。这样的画面如此和谐、美丽，但当太要强、太强势的性格介入之时，这样的画面会变得何其尴尬和别扭。

不同的身份、背景、知识、经验决定着我们各自不同的层次和喜好。一个太要强、太强势的领导往往不会得到员工的真正尊重，一个太要强、太强势的员工，即使受到领导的夸赞，也很难获得领导的友谊。

或许你的要强会让你看起来与众不同，比如会给领导一种积极上进的感觉，或者让你具备企业所需的狼性精神，你若懂得抓住机会，勇往直前，你的激进可能让你成为业绩第一人。但是，这种性格难免会让你在工作中得罪别人。在别人看来，你可能损害了他们的利益。道理很简单，锋芒毕露往往会成为众矢之的。所以，不难发现，那些太要强的人虽然能力突出，业绩俱佳，但其最终的结果却往往差强人意。

远亲不如近邻。如果你能与邻居建立亲密的关系，那么这份友谊之花定然沁人心脾。在你努力耕耘生活的时候，邻居可能会为你送来及时雨。他们能为你解生活中的燃眉之急，一棵菜、一杯水、一份心意，都会让你的生活走向幸福与美好。而性格太要强的人通常很难获得邻居的友谊。你的强势会赶走邻居的所有善意，你的咄咄逼人会使邻居对你敬而远之。

生活不容易，没人能真正远离喧嚣。我们与邻居总是"低头不见抬头见"，人生中这种人情往来不可回避，一句问候、一个微笑就是最大的善意。一个懂生活的人一定能做到与邻居和睦相处。与邻居相处，不能过于要强、过于强势，因为过于要强、过于强势很难释放友好和善意的信号，反而会让人误以为你对其充满敌意。一山不能容二虎，那是动物界的规则。若你过于要强，总想着不能吃亏，不能被别人强占了"山头"，那么你与邻居的相处一定不会融洽。而这样的生活往往会充满是非。

有人说："生活是一场旅行，来来往往的都是过客。"我不太赞同这句话。因为我们还有许多重要的人，他们与我们朝夕相处、相亲相爱，他们不是"过客"，而是"归人"。面对爱我们的人和我们爱的人，我们更不能表现得太要强、太强势。对父母太强势，那是不孝；对爱人太强势，那是不知珍惜。

每个人都是父母捧在手心里的至宝。父母宠着我们，惯着我们，容忍着我们性格中的缺陷。他们把一切都奉献给我们，包括财富、青春、理想、信仰等等。那么，我们怎能忍心对他们太要强、太强势呢？百善孝为先。“父母呼，应勿缓。父母命，行勿懒。父母教，须敬听。父母责，须顺承。”而一个太要强、太强势的人是很难做到这些的。

“百年修得同船渡，千世修得共枕眠。”我们在与爱人相处时，也不应该太要强、太强势。夫妻相处，应当平等、坦诚相待，应当互撑“雨伞”，为彼此遮风挡雨。若一方太要强、太强势，就会打破“阴阳之间的平衡”。阴盛阳衰，则男人不“刚”，女人不“柔”，家不和，事不兴。阳盛阴衰，则男人“过刚”，女人“过柔”，多粗暴，少言语。

爱人是要陪伴我们一辈子的人，两个人的缘分要彼此珍惜。夫妻之间难免会有摩擦，这时候彼此都不能太要强、太强势，要懂得多沟通，多回忆对方的好，要率先放低姿态，给予对方多一点尊重和关心。爱人之间，不管哪一方赢都不是真赢，太要强、太强势只会把赢的快乐建立在别人的痛苦和委屈之上。一个人太要强、太强势，另外一个人就要独自承受所有的痛苦和委屈。两个人都太要强、太强势，“硬碰硬”的结果，只能是两败俱伤，而两者皆伤之后的结果往往是婚姻的土崩瓦解。美好的婚姻，不应被太要强、太强势的性格破坏。

无论你处于何种身份、地位，无论你在生活中扮演着怎样的角色，你都不能太要强，因为性格太要强往往难做人。

要懂规矩，不要使性子

《孟子·离娄上》记载了孟子的一句话："离娄之明，公输子之巧，不以规矩，不能成方圆；师旷之聪，不以六律，不能正五音；尧舜之道，不以仁政，不能平治天下。"意思是说即使离娄眼神好，公输班技巧高，但如果不使用圆规曲尺，也不能准确画出方形和圆形；即使师旷耳力聪敏，但如果不依据六律，也不能校正五音；虽有尧舜之道，如果不施行仁政，也不能治理天下。

在这里，圆规曲尺、六律和仁政都是规则，或者说是标准。人们常说的"无规矩不成方圆"正是由此演变而来。国有国法，家有家规，学校有纪律规则，公司有规章制度，社会有社会守则，自然有自然规律。此外，我们还会时常听到"个人原则""交通规则""人际交往规则""恋爱规则""游戏规则"等等。从小到大，由近及远，乃至所有的范畴，都离不开规则、规矩。为什么我们要制定和总结出如此多的规则、规矩呢？因为没有规则、规矩，我们就会失去标准，就很容易犯错，就会失去秩序，以至于使自己陷入危险的境地。

以生活中约定俗成的一个规矩为例。在银行、车站、超市等多个场所，我们常常需要排队，而在排队时有一个规矩叫“先来后到”，意思是先来者排在前面，后到者排在后面。如果人们不信奉这个规矩，也不会有排队这一说。人们不排队，就会失去秩序。人人都希望优先获得服务，一旦失去规矩的约束，他们就会蜂拥而上，这样一来就可能产生两大问题：一是导致秩序混乱，威胁人的生命安全；二是极大地降低服务效率，浪费公共资源。

我们经常会在网络上看到这样的新闻：某人在公共场所插队，导致挨了一顿揍；某人因为在高铁上占座，结果被列入黑名单；某人因为违反交通规则，结果被行政拘留等等。由此可见，不守规矩，就要付出代价并承担后果。

守规矩是一种美德，也是素质高的一种体现，所以我们鼓励人要守规矩。但也有一些人的想法与之相反。在这些人看来，守规矩可能会委屈了自己，所以他们打着“规矩是用来打破的”的口号，主张“放飞自我，遵从自己的内心”。不难发现，这类人往往都有一个共同点，即他们的性格比较张扬，喜欢追求个性。遵从自己的内心并没有错，错的是把自己的快乐建立在别人的痛苦之上。如果你在遵从自己内心的时候，破坏了规则，致使他人和社会为你“买单”，然后再高举个性的大旗耀威呐喊，那么这种行为不仅得不到别人的应援，还会使你成为众矢之的。

很多时候，人们之所以会破坏规则，皆是由于爱使性子。一个我行我素的人常常会无视规则，而这样的人早晚会吃到社会留给他的“苦果”。一个人由着性子做人，对规则没有敬畏之心，就会在私利的诱惑下铤而走险，甚至对自己的行为完全不自知，等到惩罚来临时，才恍然大悟、追悔莫及。

2020年的一场由新型冠状病毒肺炎引发的疫情在我国爆发，全国上下众志成城，有钱的出钱，有力的出力，中国人表现出前所未有的凝聚力和执行力。白衣天使们抗战在疫情一线，爱心人士和志愿者们将物资源源不断送往最需要的地方，人们积极响应号召，主动佩戴口罩，积极消毒，自觉居家隔离。在这场没有硝烟的战争中，中国人表现出的民族气概和民族精神震撼了世界，也赢得了掌声。

然而，也有一些人在疫情关头使起了性子。

随着疫情的发展，人们争相购买口罩、消毒液等防疫物品，导致这些商品几近脱销。一天，王某因口罩即将用尽，便走进一家药店购买口罩，王某问店主："请问口罩多少钱一包？"店主回答："一百八十元。"王某大吃一惊，心想：一包口罩怎么会这么贵？于是，王某便用手机在网上查了查，结果发现相同的一包口罩的市场价格只有二三十元。王某对店主说："网上只要二三十元一包的口罩，你卖给我一百八一包，太欺负人了吧？"而店主态度蛮横地说："你爱买不买，买晚了，还买不到呢。"听到这些话，王某非常气愤，为了维权，他向相关部门举报了店主哄抬物价、破坏市场规则的违法行为，很快，执法人员赶到现场，在了解清楚情况之后，对店主处以2000元的罚款。

药店老板在疫情面前，暴露了自己贪婪的本性。在这个需要万众一心、共同抗"疫"的时刻，店主为了一己私利，不顾道德和法律的约束，一心想发“国难财”，不过，这种乱使性子、破坏规则的人很快就尝到了“苦果”。

积极抗“疫”本来是好事，但是有些人却由着性子用错了方法，比如“乡村封路”就是一个典型案例。由于害怕被感染，一些人在未经允许的情况下，私自用石块、砖块或土块堵住交通要道，致使许多符合健康标准的人无法返乡或出行，这不仅严重违反了交通法则，甚至还会延误其他病患的救治。幸运的是，这种事情及时得到了制止，而私自封路者也得到了相应的惩罚。在威胁社会和人民安全的危急时刻，我们尤为不能使性子，而要懂规矩，守规则，这样才能不为国家添乱，不让亲人寒心。

此外，疫情期间，人们应该积极配合检疫人员进行防疫检查。而一些人在车站、社区、超市、交通枢纽等地“暴力抗检”。这种由着性子、破坏规矩的行为既是对自己的不负责任，也是对他人生命安全的不负责任。

要懂规矩，不要使性子。这句话不仅在日常生活中适用，在疫情面前更应该被优先提倡。大多数人都完成得很好，比如大家都自觉地戴上了口罩，自觉地隔离在家，自觉地勤洗手、勤通风、勤消毒等等。当然，有一些人做得更好，他们不仅自己做到了守规矩，还将这份理念传递给了别人。他们的事迹感动了周围的人，是我们学习的榜样。

疫期发生后，一位 76 岁的老党员向村委会书记报到：“书记，让我参加巡防吧，‘非典’的时候我就在，今天怎么能少了我呢。”

接着，这位老党员主动"请缨"，报名参加了村里的志愿者疫情巡防工作。不久，老人出现在了村口的道路防控站，他每天参加值守，为防疫工作做出了自己的贡献。

类似的例子还有很多，比如杭州市常安镇的方女士在疫情期间每天带着自己的小音箱向村民宣传防疫知识，村里的小弄堂较多，开车极不方便，她就拎着自己的小音箱靠步行来为村民做宣传，当她看到村民往外跑时，就会主动将其"劝返"。

规则是文明社会的标志之一，一个文明的人就应该懂规矩，讲规则。我们的生活中有两大规则：一是法律规则，二是道德规则。依法治国是营造文明环境，构建和谐社会的基石。对我们来说，法律是最大的规则，遵纪守法是人人都应该拥有的觉悟。一个人如果触犯了法律，他不仅要自己接受惩罚，还会使整个家族蒙羞。敬畏法律规则，遵守"最大的规矩"，是家庭和谐、人生幸福的保障。规则是一把双刃剑，触犯这一规则，你会受到严厉的惩罚；利用好这一规则，你会获得良好的保护。

此外，道德规则是我们应该遵守的"第二大规则"。一个人如果没有道德意识，频频触犯道德规则，那么他离触犯法律便不远了。尽管在一定程度上，道德规则的约束没有法律规则那样严厉，但是这并不代表我们可以随意触犯道德规则。一个伟大的人一定是拥有高尚品格、谨遵道德规则的人，而在这个世界上，谁不想让自己变得伟大起来呢？所以，我们要求讲道德规则，顺应自己的内心。

使性子往往会暴露我们性格中的缺陷，让我们任性地做人行事。

而以这样的方式做人行事不仅会触犯道德规则，还可能触犯法律规则，所以使性子的人应该在“任性妄为”之前考虑清楚最终自己可能承受的后果——三思而后行。

逆着性格做人不等于逆来顺受

我不喜欢经常剪指甲，理由有以下几点：一是懒；二是用长指甲在电脑上打字极为方便，噼噼啪啪，就像在弹琴。我有许多不剪指甲的理由，就像很多人不愿做自己不喜欢做的事并能说出一二三点理由来一样。

但是，有一天，我不小心用自己的指甲划破了别人的脸。于是，我开始思考要不要继续留长指甲。我的长指甲会伤害到别人，这个事实让我不得不做出改变。我决定向自己妥协，把指甲剪短一些，但仍旧比一般的男生指甲要长一些。

后来，几个朋友邀我去打篮球，在球场上，我们打得"有来有回"，每个人拿到球后都成了"先锋"，都想冲到"敌人的地盘"投上一球。在我获得控球权后，意外发生了，我的指甲折断了，而且还牵连了肉，流了不少血。这次意外以后，我便不留长指甲了。

其实，我们身上那些尖锐的性格就像是长指甲，如果我们在日常生活中顺着尖锐的性格做人，肆无忌惮地使性子、发脾气，就可能伤人伤己。这样两败俱伤的事情，无论从哪个角度来看都是划不来的。

我们倡导要逆着性格做人，它的本意是要我们及时发现并克服性格中的缺陷，适时调整性格与时势相矛盾的地方，消除尖锐、不良的性格，而不是要我们逆来顺受、忍气吞声，连同优良的性格一同打压，全盘否定自己的性格。

我们所期待的世界是光明的世界，但光明之下亦有阴影。如果有人想要拔掉你的长指甲，意图伤害你，你却一直采取逆来顺受、忍气吞声的态度，并美其名曰“逆着性格做人”，那么你可能对“逆着性格做人”这句话有什么误解。

在我看来，理想的性格应该是刚柔并济的。《淮南子·精神训》中有一句话：“刚柔相成，万物乃形。”意思是刚与柔（阳与阴）相辅相成共同创造了万物。《易经》中也说：“刚柔相推，变在其中矣。”意思是刚柔相推的时候，变化就在其中了。

一个国家既需要文臣也需要武将，文是“柔”，彰显的是软实力；武是“刚”，彰显的是硬实力。如果把一个人比作国家的话，他要想经营好自己，也需要硬实力和软实力。一个人的性格同样如此。过刚易折，一个人的性格过强，且没有“软”的一面，那么他强硬的性格就可能伤害他人和自己。水柔难断，一个人的性格过柔，且没有“硬”的一面，那么他软弱的性格同样可能伤人伤己。例如，一个性格懦弱的人对别人的欺侮不予反抗，或者不采取任何措施，那么这种逆来顺受、忍气吞声，首先换来的是对自己的伤害，别人会变本加厉地欺侮他。与此同时，这种软弱的表现还会助长他人的气焰，使他人不知收敛和悔改，并最终走上违法犯罪的道路。

刚柔并济是人生的至高境界。拥有这种性格的人懂得求新、求变，并能在新的环境和新的变化中把握机会。这样的人经得起风浪，遇到挫折不会轻易放弃、轻言失败。一个人既要有刚强果断的一面，又要有柔软温情的一面。性格上的"刚"是一种威仪，一种力量，它能帮助我们免受小人的侵害，赋予我们战胜邪恶势力的勇气；性格上的"柔"是一种收敛，一种风度，它能让我们学会变通地解决问题，使我们避免被社会的戾气所伤。

刚柔并济的性格是理想的性格，若以此为前提，"逆着性格做人"真正的含义则是要我们逆着过刚或过柔、无刚或无柔的性格做人。我们既不能做过于要强的人，也不能做逆来顺受的人。性格太要强的人往往难做人，而逆来顺受只会让人变得愈加懦弱。

在看到"逆着性格做人"这句话时，人们可能会下意识地认为它是在规劝我们收敛性格上的锋芒，把"刚"的一面隐藏起来，也有人认为它是教我们学会怀柔、变通、圆滑、委婉。显然，这种理解过于片面了，它只是完整答案的一部分而已。如果我们只以片面的逻辑去思考它，往往就会陷入思想的极端，偏激一点的人可能认为"逆着性格做人"就是要让我们变得逆来顺受。

逆着性格做人不等于逆来顺受。我们已经从刚柔并济的角度解释过何为"逆着性格做人"。而要想弄清楚它是否等于逆来顺受，还需要我们深入地理解何为逆来顺受。

人在社会上所要面对的东西有很多，比如恶劣的环境、无礼的对待等，如果我们在面对恶劣的环境时一味采取忍受的态度，在面对无礼的对待时一味采取顺从的态度，那么我们的人生就会陷入一种“憋屈”“窝囊”“软弱无力”的状态。这就是一种逆来顺受的状态，也是一种“过柔”的状态。

人一旦“过柔”，就会变得胆小怕事、软弱无能，如遭遇到不公的待遇不敢言明，受到伤害只会忍气吞声等。此外，“过柔”还会打消人的斗志，折损人的信心，容易使人变得消极和抑郁。

2019 年 10 月 25 日，由周冬雨、易烊千玺主演的电影《少年的你》在中国内地上映，一时之间引起了人们对于“校园霸凌”这一话题的热烈讨论。这部电影改编自玖月晞的《少年的你，如此美丽》。

故事中，女主角叫陈念，男主角叫刘北山。陈念性格内向，是典型的好学生；小北性格叛逆，是典型的坏学生。两人本无交集，却因共同帮助一个拥有心理问题的同学而走到一起。在相处的过程中，小北帮助陈念克服了心理障碍并改掉了结巴的毛病；而陈念也帮助小北走出了父亲去世的阴影。

然而，一起离奇的坠楼事件打破了宁静的校园生活。坠楼而亡的是陈念的同班同学胡小蝶。案发当天，胡小蝶曾与陈念单独相处过，所以陈念自然成了被调查的对象。警方最终判定胡小蝶是自杀而亡的，但是事实的真相却是胡小蝶因为经常受到几名同学的欺凌，不堪受辱才选择自杀的。这些实施欺凌的人中，为首的是一个叫魏莱的女孩子。学校中有许多学生知道魏莱等人欺凌胡小蝶的事情，但没有一个人愿意说出来，她们害怕会遭受同样的欺凌，所以选择沉默。只有女主角陈念站了出来，向警方说出了真相。于是，陈念也成了魏莱等人欺凌的对象，她在反抗霸凌的过程中反伤了魏莱。意外的是，一个叫赖青的小混混趁魏莱受伤将其强暴了，因为魏莱看到了自己的脸，所以将魏莱灭口了。魏莱死后，赖青想让陈念当“替罪羊”为自己开脱罪名，而小北为了保护陈念，杀死了赖青，并将魏莱的死也揽到了自己身上。最后，未成年人小北因杀人被判有期徒刑7年。

在这个故事中，面对霸凌，很多人选择忍气吞声，这种“过柔”的做法助长了霸凌者的气焰，使他们更加肆无忌惮地欺凌别人。而女主陈念的做法更接近正确的答案，因为她勇于向警察说出真相，勇于在别人伤害自己时进行自卫。而小北的做法“过刚”，即使他是出于善意的，他也没有执行杀人的权利，最终也为自己的行为付出了代价。

从这个故事可以看出，一味地逆来顺受、忍气吞声并不能解决问题，“过柔”的性格会让我们陷入被动，“过刚”的性格会让我们因冲动而犯错。所以我们应该逆着“过柔”和“过刚”的性格做人，用刚柔并济的方法来解决问题，比如在面对个人无法解决的问题时，我们可以选择告诉家人和朋友，以此寻求帮助，当家人和朋友也束手无策时，我们可以拿起法律武器来维护自己的权益。

第九章

天赋与性格：如何使天赋与性格相匹配？

你的天赋决定并彰显着你的性格

一个擅长写作的人应该具备怎样的性格呢？我想他一定是一个认真、耐心、执着、细心、敏感、富有想象力的人。一个电脑高手应该具备怎样的性格呢？我想他一定是一个严谨、爱动脑筋、喜欢新鲜事物、敢于尝试、有逻辑的人。一个销售高手应该具备怎样的性格呢？我想他一定是一个会换位思考、能言善道、敢于尝试、勇于冒险、锲而不舍的人。不难看出，一个人的天赋与他的特长、他的职业以及他的性格之间往往存在着千丝万缕的联系。

特长是天赋的反映，或者说，特长是具体化的天赋。一个人拥有音乐天赋，那么他的特长可能是唱歌、写歌词、谱曲、打鼓、弹钢琴、吹笛子等等。天赋在早期处于一种“游离”的状态，它有些虚幻，如果我们不能及时抓住它，它就会悄然消失或者被时间埋没。只有当我们反复提及它、激发它、操练它、学习它，将它牢牢把握在手中，或者将它“定型”，才能随时随地地利用它、发扬它、依赖它。很多人之所以觉得自己没有天赋，是因为他们没有及时将自己的天赋具体化，随着后天环境的影响，这些天赋会逐渐淡化，变得再也无法被激发和利用。

天赋、特长与职业的关系不言而喻。毫无疑问，天赋和特长是我们选择职业的重要参考依据，它们能帮助我们决定职业方向。一个人的天赋和特长如果能与他的职业相匹配，那么他在工作中一定会如鱼得水、收放自如。相应地，他所做的工作必然都是从兴趣出发，他由衷地热爱这些工作，把完成这些工作当成乐趣，这样他就会越做越好，越做越想做。这种良性循环可以帮助他实现人生的目标，甚至登上人生的高峰。

而天赋与性格又有什么关系呢？天赋决定并彰显着性格。如果让我们去猜一猜一个热爱和擅长唱歌的人具有哪些性格，我们一定能说出个一二三来。这是因为，在人的某些天赋中自带着一些与之匹配的性格。这些性格是随着天赋的发展建立起来的。例如，一个擅长写作的人通常会很有耐心。因为写作时需要静坐，需要长时间保持思考和输出的状态，这种工作需要足够的耐心才能开展和进行。所以擅长写作的人通常都是耐得住寂寞的人。再比如，一个擅长唱歌的人通常是自信的人，因为唱歌是一种外在的表达，而优美的歌声会使人心情愉快，擅长唱歌的人会时常获得掌声和赞扬，所以他很容易树立自信。

天赋决定并彰显着性格，所以我们在激发和发展我们天赋的过程中，也要利用天赋与性格之间的这种关系，来更好地塑造自身的性格。

在当代国际顶尖钢琴大师的行列里，中国的郎朗无疑是一颗璀璨的明珠。郎朗拥有极高的音乐天赋，同时也拥有着难得的优良性格。郎朗的成才之路虽然艰辛，但他却在成长的过程中最大化地激发了自己的天赋，同时也完美地塑造了自己的性格，这既让人羡慕，又令人佩服。可以说，他是将天赋与性格协调发展的典范。

1982年6月14日这天，对辽宁省沈阳市沈河区的郎家来说十分不平凡，因为在这一天，郎家的独生子降生了，取名郎朗。随着一声啼哭响起，婴儿的父亲郎国任第一个冲进了产房，在看到母子平安后，他激动得热泪盈眶。

郎朗的家是文艺世家，他的家人几乎都与音乐结过缘，郎朗的祖父曾经做过音乐老师，父亲曾是部队里专业的二胡演员，母亲能歌善舞，也由衷地喜爱音乐。受家庭环境影响，郎朗在很小的时候就对音乐表现出了浓厚的兴趣。

郎朗在两岁半时十分喜爱观看动画片《猫和老鼠》，当听到汤姆猫纵情演奏钢琴时，他总会被吸引过去，然后着迷地盯着“钢琴家”上下舞动的手指。郎朗的家中有一架旧钢琴，这是父亲郎国任在儿子出生之前买的。郎朗从小就喜欢在这架钢琴旁玩耍，随着时间的推移，他对这架钢琴越来越感兴趣，后来，他竟在无人教导的情况下用这台钢琴弹出了基本旋律。

父亲郎国任早早地便发现了儿子的天赋，他决定全力培养儿子弹钢琴。为了方便孩子学琴，郎国任辞掉了自己的工作。最开始，郎国任亲自教郎朗弹琴，当他把自己所会的钢琴知识全部教完之后，决定给郎朗找一位老师。郎朗的第一位老师是沈阳音乐学院的朱雅芬教授。在教了郎朗一段时间后，朱雅芬教授认为沈阳的舞台对郎朗来说太小了，他应该到更大的舞台学习，否则就浪费了这么好的音乐天赋。于是，在她的建议下，郎国任带着郎朗前往北京学习，报考中央音乐学院附属小学。

后来，郎国任独自带着儿子去北京求学。到了北京，郎国任租了一个简陋的一居室，父子二人便搬了进去。第一年很艰难，郎国任为了让郎朗尽快进入学琴状态，几乎每时每刻都守着他练琴，因此他暂时没有找工作，靠着以前的积蓄和郎朗母亲在老家的工资维持生活。为了郎朗学琴，郎国任找到了朱雅芬教授推荐的一位老师，并让郎朗拜他为师。

但是，奇怪的是，无论郎朗多么努力，无论郎国任多么严格地督促儿子，总是不能得到这位老师的认可，不仅如此，这位老师还说他们是“土豆的脑袋、武士道精神、打砸抢的风格”。这给父子二人带来了巨大的精神压力。

因害怕老师不教自己，郎朗每天加倍努力地练琴并经常超额完成学习任务，郎国任也更加仔细地为儿子分析琴谱。结果，这位老师仍然不满意，最后还是将郎朗扫地出门了。

从这一件事情上，郎朗学会了坚强和忍耐。在学习过程中，无论环境多么艰苦，无论求学多么困难，他都一直坚持着。面对无理的斥责，他不是选择对抗和叛逆，而是用实际行动和加倍的努力来证明自己。在发展天赋的路上，郎朗很好地塑造了自己的性格，他没有因为自己的天赋高而目空一切，始终以一种谦虚、隐忍的态度而不断向前。

后来，朱雅芬教授又给郎朗推荐了第二位老师。在新老师的教导下，郎朗的备考生活很顺利。最终，他以第一名的成绩考进了中央音乐学院附属小学。

郎朗在学琴上总是表现得如饥似渴，在进入小学后，他更加努力地学琴，进步也越来越大。新老师对郎朗非常喜爱，也格外看重郎朗的才华。在这位老师的安排下，郎朗的课时被调到最后，这样他就能多上一会儿课。

为了让郎朗学到更多的钢琴知识，父亲郎国任也格外卖力。他不仅到处蹭别的钢琴老师的课，还不断地为郎朗收集不同版本的钢琴演奏材料。他有时会趴在别的教室的窗口听课，一有人经过，他就迅速拿起身边准备好的扫帚开始打扫，人一走远，他又恢复原状继续听课。听完课后，郎国任会整理好内容，等到郎朗放学后，再将知识教授给他。

父亲的言传身教被郎朗看在眼里，感动在心里，他的内心非常感激父亲对自己的付出。郎朗是一个非常聪明、懂事的孩子，他知道父亲平时对自己的严厉都是为了自己好，更知道父亲对自己呕心沥血的培养是多么不容易。所以，无论何时，他都不会辜负父亲的期望，不会辜负自己的天赋，也不会放弃自己的梦想。

功夫不负有心人，既有天赋、又懂努力的郎朗最终走上了人生的巅峰。郎朗在自己的职业生涯中获得过多项国际权威奖项，如德国古典回声大奖、法国胜利大奖等。他同时受聘于多家世界顶级的音乐团体，如纽约爱乐乐团、波士顿交响乐团、费城交响乐团、芝加哥交响乐团等，曾在北京举办的夏季奥林匹克运动会开幕式、中国国庆60周年庆祝晚会、中国2010年上海世界博览会开幕式、美国白宫、美国独立日庆祝活动、英国女王钻禧庆典庆祝活动、法国国庆庆祝活动等重要地点和活动中演奏。他是“利兹大学音乐荣誉博士”，是联合国和平使者，是“世界杰出华人青年”，也是“商业星力量巅峰人物”。由于他在音乐上的成就，人们将他称为“中国的莫扎特”。

坚强、忍耐、不放弃、感恩、彬彬有礼、温文尔雅……这些都是郎朗性格中所具有的品质。而这些性格品质的形成都与他发展天赋的过程紧密相关。他能在具体化天赋的过程中，不受恶劣环境的干扰，经受得住困难和挫折的打击，最终实现优秀天赋和优良性格的匹配，这一点非常值得我们学习。能力越大，责任越大，如果在发展天赋的过程中，不注重性格的培养，最终导致一个天赋异禀的人匹配着恶劣的性格，那将不是世界之福，而是世界之祸。

有些性格也是你的天赋

人的性格是复杂的，它可能会随着环境、时间的改变而改变，随着个人经历、教育经历而变化。同样，人的性格中也存在一些不变的因子，这些因子是我们天生就具备的，是生长在我们骨子里的东西。毫无疑问，那些天生的优良性格是我们一生受用的宝藏。从某种意义上来说，它们就是我们的天赋。

我的字写得不错，从小到大，老师和同学们都夸我的字写得好。在学校举办的硬笔书法比赛中，我也得过不少奖。小学时，我就和同学们一起练铅笔字、圆珠笔字、钢笔字和毛笔字。练字最频繁是在初中，那时我们每天中午都要交练字作业。为了练好字，我还买过几本字帖。初中时的黑板报是我与几个字写得好的同学操办的。有一次，一名转校生转进我们班，班主任让他和我做了同桌。新同桌不仅学习成绩好，字写得也好，而且还时常被班主任夸赞，这让作为班长的我感到一时之间失了宠。

一天晚自习，我与几个同学正在绘制黑板报。班主任悄无声息地走到我身边说："你让你同桌也试着写写呗。"

“他会画画？”我不以为意地问。

“他字写得不错。”班主任说。

我有些不满地问：“让他写字，那我呢？”

班主任笑了：“你们一起写呗。”

“好吧，就让他试试。”我虽然心中很不情愿，但嘴上却做出了妥协。

于是，我和同桌一起“写”黑板报，一人负责一半。两个人的字同时出现在一面黑板上，自然就有了比较。我们相互较劲，一笔一画都尽了全力。我害怕被同桌比下去，所以写字的速度变得越来越慢，我擦掉写的不满意的字，然后再更谨慎地写上新的字。随着时间的推移，我的心越来越烦躁，把字擦掉，再写上，如此反复多次，心中总感觉自己不如同桌写得好。班主任一直在我们旁边，她越看我写的字，我就越紧张，也就越会反复修改自己所写的内容。最后，同桌完成了自己的工作，而我仍然在反复修改。我狠狠地擦掉自己的字，然后写上一笔，觉得不满意，然后再擦掉。班主任看出了我的情绪，半鼓励半生气地对我说：“好好写！”

后来，班主任把我叫到办公室，她似乎发现了我的秘密。

“你别那么敏感，你们都很优秀。”班主任的语气缓和了不少。

“我错了，我再也不会这样敏感了。”我低下头小声说。

班主任笑了，她说：“其实敏感也没什么不好，你要做的是把握好‘度’。慢工出细活，黑板报写得不错。回去吧。”

听到老师的教诲，我脸色一红，便灰溜溜地回教室了。

同桌的优秀让我感受到压力，我变得很敏感，总怕被比下去。生活中，我也是一个敏感的人，电器发出的声音，别人听不到的我却能听到，我经常能感受到别人带给我的压力，我会因为没有及时帮助别人而感到愧疚，我能轻易感知到他人的情绪，我会因担心不能给别人留下好印象而纠结不安。

如果你有和我一样的“症状”，那么你也和我一样，是一个高敏感的人。心理学家认为高敏感是一种正常的心理现象，在100个人中，大约有20个人是高敏感的人。

科学家们曾对婴儿的敏感程度进行研究，结果发现，当母亲处于紧张状态时，婴儿也会随之变得焦躁不安。这说明人在婴幼儿时期就能感知到周围人的情绪和情感变化。而如果你是一个高敏感者，你的这种感知会更加明显。

瑞士著名心理学家卡尔·荣格说：“高度敏感可以极大地丰富我们的人格特点……只有在糟糕或者异常的情况出现时，它的优势才会转变成明显的劣势，因为那些不合时宜的影响因素让我们无法冷静地思考。”

性格高度敏感的人往往会有许多困惑，比如经常受到别人情绪的影响，因想得太多而陷入犹豫不决之中，因考虑得多而感到身心疲惫。所以，有不少高敏感者会经常抱怨自己的敏感，甚至讨厌自己的敏感。

与普通人相比，高敏感者的神经系统更发达，所以我们有时会调侃他们“神经兮兮”的。神经系统发达就意味着他们可以接收和感知到更多信息，他们会想得更多，思考得更多，瞬间触发的概念更多，在各种事物之间建立联系的能力更强。无数的信息、逻辑、概念、想法和联系在高敏感者的大脑中存储和编辑，这不可避免地会使他们在有些时候感到不堪重负。所以，高敏感者的神经通常更加脆弱，他们喜欢安静，忍受不了嘈杂和喧闹。

一方面，高敏感者会被所感知的一切“压垮”，因为过多的信息会给他们带来沉重的负担；另一方面，感知的更多可以极大地丰富他们的想象力和心灵世界，让他们细查入微并能更深刻、更全面地理解和加工信息。所以，敏感性格也是一种财富，一种难得的天赋。

高敏感者通常能敏锐地察觉到别人情绪的变化，而这可以帮助他们理解别人的需求，让他们站在对方的角度思考。所以，高敏感的人通常能与他人实现共情，他们更有同情心和责任感。高敏感者的世界，一切都需谨慎，一切都要提前做好风险评估，他们拥有更强的危机管理能力。同时，由于他们习惯于深入思考、向内思考，他们更容易看清事物的本质，他们的生活更丰富、更有趣、更有深度。

高敏感性格是一种天赋，它能帮助我们获得幸福。但是，如果我们总是纠结于它的缺点，而不关注它的优点的话，我们的生活就会深受其扰。

高敏感的人要获得幸福和快乐是有方法的。

首先，高敏感的人要避免给自己贴标签，否则刻板的标签很可能会限制自身性格的发展。有些人对星座代表的性格、运势很感兴趣，所以常常在网络上关注这些内容。在他们看来，白羊座性格的人正直、坦率却粗心大意；金牛座性格的人脚踏实地却贪婪、吝啬；处女座性格的人做事认真负责却过度洁癖，等等。这类人在询问恋爱、就职、婚姻等问题时都会去寻找星座性格，然后对号入座。这样，他们在无形中就给自己贴上了相应的标签。实际上，他们之所以会觉得星座性格描述得准，是因为他们正在进行积极的心理暗示。

人的性格是复杂的，它不是某种性格的“一枝独秀”，而是多种性格的相互叠加。高敏感的人在性格上有相似点，但对不同的人来说，其“敏感形式”却可能不同。有的人因为敏感而喜欢安静，有的人因为敏感而喜欢热闹。若有人给出这样的结论：“敏感的人就应该安静地待着。”你又恰好相信了这一点，并竭力对号入座，就很容易对自己的行为模式产生影响，你会在无形中把自己困在这种观点之中，这会禁锢你的思想，使你失去改变的意愿以及使性格向良好方向发展的可能。

高敏感的人通常总是委屈自己，他们对自己的要求较高。他们希望自己能做到善解人意，能在别人需要帮助的时候第一时间站出来。高敏感的人热爱付出，却时常会忽略自己。他们会把精力放在别人的一举一动之上，而总是忽略了自己的精力是有限的。当别人对他们不够热情时，他们喜欢从自己身上找原因，以至于经常胡思乱想。实际上，高敏感的人应该把精力多放在自己身上，比如多放在自我发展、自我塑造之上。过于纠结一些无关紧要的细节，只会使人身心俱疲。

高敏感的人之间通常一个眼神就能让彼此明白对方的意思。所以他们之间的合作会十分有默契。但是，现实中，人与人之间的合作并非都是由高敏感者达成的。有时候，高敏感者也会与一些不敏感的人合作，在合作的过程中，高敏感的一方会很容易看出别人情绪的波动，所以，他们往往会主动照顾别人的情绪。而不敏感的人很难看出高敏感者的情绪，因此不能及时照顾到他们的情绪。这样的合作很容易使高敏感者陷入被动、处于劣势。为了改变这一现状，高敏感者应该尽量通过语言表达自己的感受，或者引导别人与自己产生共情。只有这样，合作才能公平、公正地进行下去。

高敏感者在面对冲突时往往处于劣势，这是因为他们的内心相对脆弱，内疚感和羞耻感比一般人更强。在发生矛盾和冲突时，高敏感者很难在语言上战胜别人。敏感使他们的承受能力更弱，所以他们常常无法承受别人的语言攻击。与此同时，由于他们对自身的要求较高，他们的道德准则也相对较高，在与人发生冲突时，他们会首先考虑自身原因，会尽量避免自己的言行伤害别人。而当他们在冲突中败下阵来，恢复正常生活后，他们才会后知后觉地振作精神、厘清思路。所以，高敏感的人在遇到不公的待遇时，要勇于说“不”，要敢于拒绝他人。

在承担责任的过程中，高敏感者要冷静分析，不能不假思索地把所有的错误都揽到自己身上，要时常评估自己是否过度内疚和自责。在与人划分责任时，要遵从实事求是的原则，做到自己的责任自己担，不去包揽别人的责任。

高敏感者遇到心理问题时应该尽量找同类交流、疏通，敏感的人之间往往会有着一些同样的经历和感受，相互沟通、相互倾诉可以使双方都能得到心灵上的解脱，从而获得救赎。

总之，高敏感是一种性格，也是一种天赋。如果我们能激发这种性格积极的一面，它不仅能在事业上帮助我们，还能使我们获得心灵上的自由和幸福。

珍惜天赋，管理性格

北宋大文学家王安石创作的《伤仲永》可谓家喻户晓。方仲永是一个农民的儿子，他五岁就能作诗，因此被人看作“神童”。但是，他的父亲却将他当作赚钱的工具，每天拉着他给别人作诗，不让他学习。十几年后，方仲永的才华被时间消磨殆尽，最终沦落为一个普通人。方仲永最终变成了“伤仲永”，这是一个可悲的故事。这个故事告诉我们，只拥有天赋而不去学习新知识是万万不行的。

天赋就像人生中未开启的宝藏，只有人们用钥匙打开它们后，它们才能真正发挥作用。一个人的天赋可能不止一个，天赋越多，说明他的潜力越大。生活中，拥有过人天赋的人并不多，所以每一个“过人的天赋”都值得我们格外珍惜。

有的人只有一种天赋，有的人有多种天赋，有的人的天赋很稀有，有的人的天赋很寻常。但无论天赋有多少，无论天赋有多稀有、多寻常，它们都有一个相同点，即需要通过后天的教育和学习来发展壮大。因此，可以毫不夸张地说，教育和学习是开启天赋宝藏的“万能钥匙”。

开启了天赋就等于开启了宝藏，比如郎朗开启了音乐天赋，于是他成了世界顶级音乐家；莫言开启了写作天赋，于是他获得了诺贝尔文学奖；马云开启了经商天赋，于是他成了世界顶级富豪。人们普遍追求的名利、财富都与天赋的开启有关，而天赋的开启则始终伴随着后天的教育和学习。如果郎朗不接受后天的钢琴教育，不主动地努力学习，那么他就成不了世界顶级音乐家；如果莫言不接受文学教育，不主动地努力学习，那么他就不能获得诺贝尔文学奖；如果马云不接受后天的教育，不主动地努力学习，那么他就不能成为世界顶级富豪。

“纸上得来终觉浅，绝知此事要躬行。”实践是最好的教育，也是最好的学习渠道。所以开启天赋的最好方法是顺着天赋做事。

如果我们能发觉自身在某方面的天赋，却因为可能存在的困难而停止开启和发展自身的天赋，那么这就相当于撕掉了一张能让我们“一夜暴富”的藏宝图。随着时间的推移，这张藏宝图的碎片会越来越难寻找和凑齐，我们再无可能拼凑出完整的藏宝图，那时，就是彻底失去这份宝藏的时候。所以，当我们发现自身天赋的时候，就要拼尽全力去开启自己的这些宝藏。如果我们不珍惜天赋，不把它当一回事，那么我们本该璀璨辉煌的人生就会变成另外一回事了。

优秀的天赋要配以优秀的性格，很多人曾幻想着成为天赋异禀的“超人”，但“超人”若配以恶劣的性格，便不会再拯救世界了。相反，他很可能成为毁灭世界的罪魁祸首。所以，不仅普通人要学会管理好自己的性格，天赋异禀的人更应该管理好自己的性格。

魏永康，1983年6月出生，湖南省华容县人，一个普通家庭的孩子。魏永康从小天资过人。母亲曾学梅在魏永康两三个月大时就教他识字，还经常读唐诗给他听。曾学梅对儿子的早期教育起了效果。魏永康在2岁时就认识并掌握了1000多个汉字，4岁时基本学完了初中阶段的课程，8岁时连跳几级考入华容县重点中学读书，13岁时以高分考入湘潭大学物理系，17岁时考上中国科学院的硕博连读研究生。

同样的年龄，在大多数人小学还未毕业时，魏永康已经考上重点大学，成为一名大学生。这样夸张的履历为魏永康镀上了一层“神秘色彩”，他也因此成为人们眼中的“东方神童”。

然而，如此“神童”却在20岁时因生活不能自理而被退学。是什么原因导致了这样一个令人目瞪口呆的结果呢？事实上，这是因为曾学梅虽然充分激发了魏永康的学习天赋，却忽略了儿子的性格培养。

在母亲曾学梅看来，孩子只有专心读书才会有出息。所以，在魏永康上学期间，曾学梅包揽了所有的家务，她不仅会为儿子洗衣服、端饭，甚至还会给儿子洗脸、洗手和洗澡。在魏永康读高中时，曾学梅为了不耽误儿子看书，甚至多次给他喂饭。魏永康在读湘潭大学期间，曾学梅以“陪读”身份一直照顾着儿子的饮食起居。

后来，魏永康去中国科学院读书时，拒绝了母亲的“陪读”，他认为自己已经长大，不再需要母亲的陪护和照顾。然而，令人没想到的是，魏永康到了北京后，非常不适应，没有母亲在身边照料，他的学习和生活变得十分混乱，甚至在冬天穿着单衣和拖鞋外出，这令周围人像看怪物一样盯着他看。

2003 年 8 月，魏永康已经在中国科学院读了 3 年研究生，而这个时候校方却劝他退学，主要原因有两点：一是他的生活不能自理；二是他的知识结构无法适应院方的研究模式。最终，魏永康被退学回家。

魏永康被退学，曾学梅比儿子更加伤心。她外出的时候，会觉得大家都在嘲笑她。退学后的魏永康整天待在自己的房间里，主要靠看书和玩电脑打发时间，有时心情不好，他还会突然“失踪”。所幸他并没有干傻事，每次都能平安回家。

儿子被退学后，曾学梅感到非常后悔，她在墙上写下了这样的“打油诗”：“好苗错移栽，未成栋梁材。土地贫缺肥，园丁无能耐。已将好苗误，疾首痛心怀。”类似的“打油诗”有上百首，全都写在曾学梅家的白墙上。

经历长时间的自责之后，曾学梅开始反思自己的教育方法。她决定重新培养孩子的性格。

魏永康原来的性格非常内向，总是少言寡语。他平时总在家里看书，几乎没有社交活动。母亲不允许他出去玩，认为玩是浪费时间。这使得魏永康很少与人交流，逐渐养成了沉默寡言的性格。周围的同学主动跟他搭话，他也默不作声，渐渐地，同学们开始疏远他。他之所以会被退学，很大程度上是因为他不太爱与导师交流，导致毕业论文无人指导。

在认真反思后，曾学梅会时常与儿子交流，不仅如此，她还会主动教孩子做家务，对前来找魏永康的同学笑脸相迎。在母亲的教导下，魏永康的生活开始趋于正常，他逐渐可以独自打理自己的生活，还学会了为瘫痪在床的父亲端茶送水，甚至有时候还能喂他吃饭。

后来，魏永康到上海工作，认识了一个叫付碧的女孩子。那时付碧还未毕业，只是暑假到上海游玩。一向对女孩子不感兴趣的魏永康这一次竟然喜欢上了付碧。两年后，付碧大学毕业，准备留在深圳发展。魏永康得到消息，竟然辞掉了在上海的工作，追到深圳与付碧见面，在他不懈地努力下，最终俘获了付碧的芳心。后来，两人结了婚，还生下一个健康的儿子。

每次下班后，魏永康就会尽快回家与妻儿团聚，他不仅与妻子一起做家务，还懂得教导儿子。周末时，他还会带着妻儿一起去公园玩，或者带着他们一起去看海。

不过，成家立业后的魏永康一直没有放弃自己的梦想。2009 年，他考取了北京工业大学生物物理专业的研究生，后来又转行做了软件开发。

在人生的最开始，魏永康充分发挥了自己的天赋，却养成了内向、木讷、沉默寡言、依赖他人的性格。而在辍学之后，通过亲人的帮助，他最终弥补了性格上的缺陷，开启了新的人生。

一个优秀的教育者应该具备怎样的特质呢？他一定是一个珍惜

孩子天赋的人，同时也一定是一个懂得管理和塑造孩子性格的人。对个人而言，珍惜天赋、管理性格，同样是时刻不能忘的话题。总之，我们要让天赋与性格相匹配，只有这样，才能真正开启完美的人生。

第十章

做事与做人：顺着天赋做事，逆着性格做人

做事为什么要讲求“天时地利人和”？

生命都有趋利避害的本能，比如生活在非洲草原的狐獴会经常爬到高高的树梢上为同伴放哨，避免族群遭到猛禽的攻击；猴子在发现老虎时会立刻高声尖叫，提醒同伴躲到树上；变色龙在遇到危险时会通过改变身体的颜色来保护自己……作为拥有高级智慧的人类，我们更懂得趋利避害。对于趋利避害，最有效的方法是分析当前的形势，然后扬长避短。在中国人的眼中，最好的形势是“天时地利人和”，拥有这样的形势时，人们做任何事情都更容易成功。

早在春秋战国时期，人们就懂得分析“天时地利人和”了。孟子曾说：“天时不如地利，地利不如人和。”在孟子看来，“天时”“地利”都只是次要因素，真正能决定成败的是“人和”。古代作战时，除了要考虑“天时”“地利”这样的自然因素外，还要考虑“人和”这样的人为因素。同样，在现代社会，我们要想成功地完成一件大事，往往也要提前研究自然气候条件、地理环境和人力等因素，比如某时装企业要举办一场国际时装秀，策划人员就要充分考虑举办时间、天气条件、举办地点、人员分配等多种因素。任何一种因素的失误，都可能导致一场时装秀的失败。

在孟子看来，“人和”是做事成功的第一要素，其实在一些特殊情况下，成功的第一要素也会发生变化。例如，清朝举人刘璋在自己的长篇小说《斩鬼传》中写道：“咸渊想了一会，道：‘行兵须要天时、地利、人和。为今之计，地利、人和倒用不着了，是要讲天时了。’”可见，从当时的形势上来看，天时才是使事情成功的主要要素。而战国时期的军事家孙膑在他的《孙膑兵法》中写道：“天时、地利、人和，三者不得，虽胜有殃。”在孙膑看来，天时、地利、人和三者缺一不可，否则，即使暂时侥幸取得了胜利，也会后患无穷。

而伟大的圣人孔子又是如何看待“天时”“地利”“人和”的呢？孔子眼中的“天时”是：春天的时候，既不要回过头来去想冬天的事情，也不要提前去想夏天的事情，而是要趁着春天做好春天的事情。孔子眼中的“地利”是：若你想游泳，而你现在沂水边，那么你就去沂水里游泳，不要再说我想去游长江、游黄河了；若你的家靠近舞雩台，那么你就去舞雩台吹吹风、看看风景，不要再说去别处吹风、看风景了。孔子眼中的“人和”是，五六个大人加上六七个小孩就可以出门了，不要再说等到凑够一百个人才出门。这就是孔子眼中的“天时”“地利”“人和”。

天时是通向成功的时运、机遇；地利是通向成功的环境、地理条件；人和是通向成功的综合实力、关键要素。

一般来说，天时比地利更难把握，虽然我们现在有天气预报，但天气预报不一定准确。哪天会遇到机会，哪天遇不到机会，一件事哪天做容易成功，哪天做容易失败，通常都是随机的，其中隐含着运气的成分。人们常说“尽人事，听天命”，如果说“尽人事”是人通过自身努力与命运的抗争，或者说是“人定胜天”的部分，那么“听天命”就是人力所不能及的部分，它是运气和自然规律组成的“复杂体”。这一部分我们不能预测，不能把握，也不能控制，所以它是“听天由命”的部分。既然如此，我们对这一部分的态度就应该是“不忧心于不能改变的事，只专注于能够改变和改善的事”。天有不测风云，所以对于天时，我们应该尽可能地选择，而不能过分地纠结。

而“地利”是相对于天时来说更容易掌控的因素。如果你所在的环境适合你所做的事情；那么你只需在所处的环境中安静地做自己的事情；如果你所处的环境不适合你所做的事情，那么你可以寻找并进入适合你所做事情的环境，然后去做你的事情。虽然这可能需要花些成本，但并不是不可能的事情。你可能会说：“我不知道哪儿才适合去做自己的事情。”这其实没有多大的关系，你只需要尽量尝试去做自己的事情就可以了。因为必须在某地才能做成的事情并不多，即使存在这样的事情，凭你的智慧，你一定已经提前知道了。

“天时不如地利，地利不如人和”，我与孟子的观点相一致。完美地做成一件事情需要天时、地利、人和。但完美地做成事情并不是生活的常态，更不可能是人生的常态。做成一件事情已经足够优秀了，而要想把事情做得完美，既需要实力，也需要运气，那定是可遇不可求的事情。所以，我们还是应该老老实实地先考虑如何把事情做成吧，至于如何把事情做得完美，在我看来，尽我所能便是最大的完美。善于抓住做事的主要矛盾，才是人生应有的智慧。

孔子认为的“人和”，虽然看起来很抽象，但依然很好理解。在我看来，它的意思就是人与人恰到好处的配合。

比如在古代战争中，人与人的配合很重要，往往能决定战争的走向，乃至最终的成败；在现代人的生产生活中，建造一栋楼房、经营一家公司、举办一场赛事等都需要不同天赋、不同性格的人参与和配合。而要实现恰到好处的配合，或者说实现“人和”，需要哪些基本要素呢？毫无疑问，人尽其才是一个要素，性格相投也是一个要素。

要使人尽其才，就需要人们发挥自己的天赋，因为天赋是才华的源头。只有将天赋具体化之后，人们才能掌握它，进而才能随时随地地使用和发挥它。而要想将天赋具体化就需要依赖后天的教育和学习。

要做好恰到好处的配合，就需要人尽其才。假设某个食品企业具有行政部、销售部、财务部、采购部、工程部、生产部、品控部、资材部等多个部门。那么要使每个部门都趋于完美，就一定要引进与之匹配的人才。我们很难让一个学质量管理的人去当会计，因为他们的专业匹配度较低，他们的兴趣、天赋也往往与职业不匹配，即使存在同时具有质量管理知识和会计知识的“双向人才”，我们也不能苛求他去同时兼顾两份工作。在比较之后，这样的人才也一定会选择更倾心、更擅长的领域去发展。所以一个人只要能把自己最大的天赋发挥出来就已经很了不起了。

毫无疑问，人尽其才的具体表现就是人“顺着天赋做事”。所以要做到“人和”，你只需要做到顺着天赋做事，实现人尽其才即可。

实现“人和”的另一个要素是性格相投。什么样的性格才能“相投”呢？互补的性格可以“相投”，因为这样的性格可以弥补彼此的短板，发挥彼此性格中的优点，这样更容易达成合作和实现共赢。“物以类聚，人以群分。”性格类似的人往往可以相互包容，所以他们的性格也可能“相投”。但无论怎样，性格相投都需要一个前提，即别人不讨厌你的性格。人类身上的那些公认的优秀性格，如乐观、自信、诚实、勇敢、独立、勤劳等等，往往是大家共同喜爱的；而那些恶劣的性格，如骄傲、任性、暴躁、偏执、自卑、懒惰等等，往往是大家避之不及的。所以，尽量使自己的性格向着优秀的方向发展，这就是使你与别人“性格相投”的最大保障。逆着性格做人，所“逆”的是“性格中的缺陷”和性格中与形势格格不入的地方。所以，逆着性格做人也是实现性格相投、实现“人和”的重要方法之一。

天时、地利、人和是成功路上的三要素，掌握并利用好这三要素，我们就能在成功的路上趋利避害、扬长避短，最终获得成功。

得人一牛，还人一马

古人说："得人一牛，还人一马。有往有来，可知礼也。"表面意思是，你得到别人赠送的一头牛，就要还给他一匹马，这样来往，就能学会礼仪了。换句话说就是："滴水之恩，当涌泉相报。"或者说要懂得饮水思源，"吃水不忘挖井人"。在我看来，知恩图报是做人做事最大的智慧，也是人最基本、最珍贵的素养。

百善孝为先。在人们眼中，孝顺是最大的善良，如果一个人连他的父母都不孝顺，那么他又能善良到哪里去呢？我认为也可以把这话改成"百善以知恩图报为先"。从根本上来说，孝顺父母就是知恩图报。

关于父母，我们常常会听到类似这样的言论，如"你真像你爸爸""你真像你妈妈"等等。事实上，无论从样貌上，还是从性格、天赋上，我们确实与父母很像，那是因为我们继承了他们的基因。《孝经》上说："身体发肤，受之父母，不敢毁伤，孝之始也。"不知从何时起，我对这句话尤为敏感和重视，并牢牢将它记在心底。因此，我从未有文身、自残的想法。当看到别人这样做时，我的心底也会浮现《孝经》上的这句话，尽管我不能阻止别人，但我在心里还是觉得他们不该那样做。

我们跟父母很像，因为父母给了我们基因。但父母给予我们的何止是基因呢？我们的一切都是父母给予的，包括身体发肤、天赋和一些先天的性格。父母给予我们的身体发肤，我们应该好好爱护，不能伤害它们；父母给予我们的天赋，我们要好好珍惜，将它们发扬光大；父母给予我们的性格，我们要“择其善者而从之，其不善者而改之”。这才是最大的孝顺、最大的善良。

老话说“富不过三代”。我的理解是，持续、长时间的富裕会使人变得萎靡、懈怠。所以这样的富裕一般不会超过三代。“富一代”是靠着自己的努力奋斗成了富人，他们是最有资格享受财富的人。而“富二代”则常常会成为被人攻击的对象，这是因为有些“富二代”用他们的骄奢、任性、挥霍无度为“富二代”这个群体抹了黑。不可否认，一些“富二代”通过自己的努力证明了自己，他们与自己的父辈一样，有权利享受自己赚得的财富。但是，同样不可否认的是，也有些“富二代”的所做所为损害了这个群体的形象，给人们留下了糟糕的印象，而这样的“富二代”正是“终止财富的人”。他们往往会因为自己的挥霍无度使得家族走向没落，以至于第三代、第四代沦落到贫困的境地。

很多人的财富是用“德”滋养的，如果他们不能为社会做贡献、不能为他人做贡献，他们又怎么能获得如此多的财富呢？我们常说“多劳多得”，既然多劳才能多得，那就说明富有者理应是“多劳”

的人，即使他现在没有“多劳”，他以前和以后也定然“多劳”。

有的人继承了父母的产业，却没有继承父母的天赋和性格。就像有些“富二代”不能继承父母的“多劳”一样，他们没能继承父母的努力，没能继承父母发扬天赋的心，也没能继承父母的优良性格。当这一切积极的因素失去以后，纵使他资产过亿，也终有败光的一天。

父母努力奋斗了一辈子，把所有的爱和物质支持都给予了我们，他们望子成龙、望女成凤，如果我们不能好好利用自己的天赋，不能养成优良的性格，没有成才、成功的上进心，那我们还有什么孝顺可言呢？

得人一牛，还人一马。如果我们是父母赋予生命的“牛犊”，那么我们理应拥有“不怕虎”的胆魄。来日，我们定要将自己变成一匹耐力十足、脚下生风的“千里马”，以此作为对父母的回报。

做人做事最大的智慧是知恩图报。而知恩图报何尝不是一种天赋呢？在孩子小的时候，妈妈在他们吃东西的时候往往会逗弄道：“乖宝宝，给妈妈吃一点。”于是，懵懂的孩子就会似懂非懂地将食物递向他们的妈妈，然后咿咿呀呀说个不停，他们似乎再说：“好的，给你呀，妈妈！”这个时候，母亲总是会被感动得热泪盈眶。妈妈把食物给予孩子，孩子在妈妈需要时愿意将食物递向她，这是多么和谐的画面啊！

我相信，知恩图报是人的一种天赋，而人们也有将这种天赋发扬光大的倾向。当别人帮助你时，你是否会被感动呢？你是否会将他牢牢记在心底呢？你是否在心里暗暗发誓将来一定要报答他呢？如果有，我相信你的潜意识也定然将它当作了本能、当作了天赋。

知恩图报也是一种优秀的性格。拥有这种性格的人往往会记住别人的恩惠，并施以回报。他们到哪里都能获得帮助和尊重，即使遇到了不公的待遇，他们也可能会以感恩的心态来处理这一切。

《史记》中记载了有关韩信的故事：韩信原是淮阴人，家中贫穷，也没有出众的德行。由于他没能表现出什么才德，所以没有人推选他去做官。而他自己也没有一技之长，为了维持生计，韩信经常到别人家蹭吃蹭喝，所以远亲近邻都很讨厌他。韩信曾在一个亭长家里蹭了几个月的吃喝，后来，亭长的妻子嫌恶他，就故意不给韩信准备饭菜。韩信明白亭长一家已经容不下自己，所以就离开了。

之后，韩信经常跑到护城河边钓鱼，以解决吃饭的问题。有几位老大娘经常在河边洗涤丝绵，其中有一位大娘见韩信可怜，就经常给他带饭吃，几十天后，大娘的漂洗工作做完了，她最后一次来给韩信送饭。韩信对大娘感激涕零地说："大娘，将来我一定会好好报答你的。"大娘却生气地说："大丈夫不能养活自己，我是可怜你才给你饭吃，怎么会期望你的回报呢？"

韩信没有饭吃，就跑到大街上去碰运气。结果，有个年轻的屠夫撞见了他，便对他说："你虽然长得高大，喜欢佩带刀剑，其实是个胆小鬼罢了。"接着又当着众人的面侮辱他。人们都笑话韩信是个胆小鬼、窝囊废。

后来，韩信功成名就，回到曾经居住的地方。他一回来就急迫地拜见了曾经分饭给他吃的那位大娘，并赐给了她千斤黄金。在见到曾经收留他的亭长时，他说："您是小人，做好事有始无终啊！"于是，他赐给了亭长百钱。不久，韩信又召见了曾经侮辱过他的屠夫。韩信不仅对屠夫不计前嫌，还任用他做了自己的中尉。后来，韩信在向将士们介绍这位新晋中尉时说："这是一位壮士！当初他侮辱我的时候，我难道不能杀死他吗？但杀掉他没有意义，所以我忍了一时的侮辱，才成就了今天的功业。"

对于曾经带饭给他吃的大娘，韩信选择用千斤黄金来报答她。这正是《一饭千金》的成语典故；对于做好事有始却无终的亭长，韩信选择赐予他百钱；对于曾经侮辱过他的屠夫，韩信竟封他为官。韩信不仅是一个知恩图报的人，还是一个能以德报怨的人，他的境界要远比一般人高得多。

我们不能辜负了父母对我们的期望，也不能辜负了父母赋予我们的天赋和性格。生而为人，应该学会知恩图报、以德报怨，这样我们的天赋才能在"多助"之中获得更好的发挥，我们的性格才能在"大爱"的氛围中变得与环境相亲相容。

如何成就“顺天道，得人助”的人生？

作为90后，我和大多数同代人一样，热爱两样东西：小说和动漫。尽管这两个爱好不能和一些高雅人士的爱好相比，也难入大雅之堂，但爱好就是爱好，没有什么可比性，何况这是一代人的标记。

每个人都有自己热爱的东西，这无可厚非。生活中，我们会经常这样想，也会经常这样说：“要是能把所热爱的当作自己一生的事业就好了。”这想法很好，这说法很妙，让人不得不点头称是。每当别人一脸憧憬地这样说时，我们仿佛看到了自己的影子，因为在青春的某个当口，我们也说着同样的话。

我们热爱的东西有很多，却很少会思考我们最爱的是什么？我想它一定是与我们天赋有关的东西。如果一件东西无法满足你的心理需求，如果一件事情你不能做得得心应手，那么你一定不会热爱它，它也不可能是你的天赋所在。

热爱总是与天赋相伴，你所擅长的，往往是你热爱的。因为你所擅长的，总能轻易成功，总能让你的心情愉悦，总能给你带来成绩和荣誉。因为擅长，所以热爱，就是如此简单的道理。

而一个人成功的条件应该是这样：在你所热爱的事情中，发现你所擅长的，在你所擅长的事情中，找到你的天赋，然后不断发挥你的天赋，使它变大变强。

天赋异禀的人常有，而找到自己天赋的人不常有，发挥自己天赋的人则更少。所以，不管是在生活中还是在工作中，我们似乎总是有处理不完的事情和源源不断的烦恼。我们常会这样抱怨："为什么老板要我做这件事情？""为什么已经如此努力，事情仍旧做不好？""为什么好事总是发生在别人身上，总是轮不到我？"而我的回答是：如果某个工作是你热爱的，不用老板安排，你也会主动去做；如果某件事情是你擅长的，不用多么努力，你也能做好；如果一件事情是你的天赋所在，你一出生便自带优势。

由此可见，好事总是与你所热爱的、你所擅长的相伴而来，总是与你的天赋相伴而来。既然如此，我们为何不顺着天赋做事呢？

前段时间看过一部连载动漫，叫《斗罗大陆》。暂且不论这部动漫的内容，只需从它的播放量就能看出它的非凡。《斗罗大陆》的播放量已经突破百亿大关，成为国漫历史上的一个传奇。而这部动漫是由网络小说《斗罗大陆》改编而成，其作者是著名网络作家唐家三少。

唐家三少是谁？可以说，他在网络文学界无人不知，无人不晓。他曾多次蝉联中国网络作家富豪榜榜首，并连年入选福布斯中国名人榜，而成绩斐然的《斗罗大陆》只是他的知名作品之一。唐家三少的成功与他顺着天赋做事紧密相关。

当你找到你的最爱之时，它便能够帮你发现天赋所在。这在唐家三少身上体现得更加明显。唐家三少是一个善于用文字表达情感的人，他在与女友认识之后，便坚持为她写情书，每一封都真情饱满，有的多达万字，他不吝惜笔墨和情感，却十分珍惜每一页信纸，总要把所有的空白添满。

终于，他写下了一百封情书，但他的这份热爱仍没有终止，直到一百三十七封才停下。这个时候，女朋友木子对他说："好了，现在你可以用自己的天赋去完成你的梦想了。"

唐家三少从他的所爱中发现了自己所擅长的事情，又从他所擅长的事情中找到了自己的天赋。不仅如此，他坚持顺着天赋做事，十几年如一日，通过不懈地努力，最终走上了人生的巅峰。

唐家三少坚持顺着天赋做事的事迹着实令人感动。他曾创下十四年零七个月网络连载不断更的记录。而他第一次断更是在他妻子离世的时候。他在微博上这样写道："十四年零七个月，网络连载不断更。今日，为你断更。"

唐家三少坚持顺着天赋做事，愿意把所有的时间和精力都放在他所热爱的小说事业上，所以他能成功，所以他才无愧于成功。

2019 年 9 月 5 日是个风和日丽的好日子。唐家三少带着自己的团队一起去海南团建，本来是休息的好时光，但他仍坚持创作。为此，他还在微博上自我调侃了一番，他写道："带同事们在海南团建，大家都去玩了，我在房间里码字，上午写了一万三千字，多赚钱好带大家更好的玩，多么优质的公司老板。"

没有随随便便的成功，坚持顺着天赋做事将大大提升你成功的概率。每个人都有自己热爱和擅长的事情，因此每个人也一定拥有属于自己的天赋。追求成功就像成就一棵大树，而天赋就是一颗现成的种子。当你找到了适合其发展的基因，顺着天赋做事，给这颗现成的种子不断浇灌、施肥，让它不断壮大，那么你就能获得成功。

每个人的天赋可能不一样，适合别人的不一定适合你，适合你的不一定适合别人。如果能各展所长，各行其是，顺着天赋做事，就能如虎添翼，事半功倍，把所热衷的事业干得顺风顺水。

在我看来，兴趣比努力重要，沉迷做一件事比努力做一件自己不那么喜欢的事更容易成功。顺着天赋做事，把天赋用在对的地方，你的事业就会顺利，人生就能成功。

但是，人生不仅要成功，还要充满美好。可以改变命运的不只“顺着天赋做事”，还有“逆着性格做人”。

所谓“江山易改，本性难移”，本性就是你的性格。人是有性格的动物，总喜欢顺着性格行事，并美其名曰“随性而为”“随性而作”。有时候，当我们顺着性格做人行事的时候，常会听到别人这样的说辞：“你真有个性。”当我们听到别人这样说的时候，千万不要以为别人是在夸你，即使别人这样说时是和颜悦色的。因为“当别人对你竖起大拇指的时候，不一定是在夸你，也有可能是在用炮瞄准你”。而你顺着性格做人行事正是别人“用炮瞄准你”的起因。

既然大家都喜欢遵照性格做人行事，你就需要考虑你的性格是否与他人的性格相悖。人与人之间的性格多多少少都会有些区别，所谓“各人各性”就是源于此。你有你的个性，我有我的个性，你喜欢的我不一定喜欢。既然如此，如果你照着你的性格做人行事，势必会有违我的个性和准则。我可以容忍你，迁就你，但不一定会在你需要的时候帮助你。

每个人的个性都不是完美的，它必然存在着某些缺陷，在不同时期、不同场合、不同人面前，不同性格的人对事物的喜好与态度也会不同。如果你坚持顺着性格做人，则很容易得罪别人。这样的人很难左右逢源，做事也会束手束脚，容易遇到各种牵绊。

我在上大学时就曾遇到过一个十分有个性的同学。他平时与同学的关系不咸不淡，偶尔也能说说笑笑。但他是个喜欢由着自己性子做人行事的人，自己想做什么就做什么，不会考虑别人的感受，所以他很少有能如影随形的朋友，上课、去食堂、打水、外出也几乎很少有人愿意与他结伴。

有一次，学校调整宿舍。一位新同学被安排到了他们宿舍。而他当时恰好不在，辅导员就让新生暂时占了他的床位。然而，他在回来后，见到自己的床位被占，立刻火冒三丈，不问原因就与那位新生大打出手，最后，听人劝说才肯罢休。

不过，他依旧我行我素，甚至为了发泄情绪，用铁棒砸碎了宿舍门上的挡风玻璃。后来学校得知此事，只好勒令其退学。美好的大学生活就这样葬送在由着性格做人行事之上。

社会是个“大染缸”，教会我们“逆着性格做人”。你自认为你的性格非常好，并不代表所有人都这样认为。所以，我们待人处事不能全凭着自己的性格。我们要及时发现自己性格中的缺陷，努力克服它们；要适时调整自己的性格，尽量避免与时代、场合、他人不合拍的情况；剔除性格中与形势格格不入的东西，学会融入时代，融入场合，融入群体，提高自身适应环境的能力，与时俱进，与人为善，这样才能和谐发展，取得事业上的成功。

“顺着天赋做事”，是顺天道；“逆着性格做人”，则能得人助。若你我的人生能“顺天道，得人助”，那么它哪有不成功、不美好之理?

所以，要想改变命运，获得成功，创造美好的人生，你只需要做到“顺着天赋做事，逆着性格做人”。